Hunde-Rentner

Tipps für „alte Felle“

Valentina Kurscheid

Bildnachweise:
S. 50, 106: thka/Shutterstock | Cover, S. 3, 6, 8, 16, 18, 19, 20, 22, 24, 25u, 26, 27, 28, 30, 31, 32, 33, 35, 36, 37, 42, 43, 55, 56, 62, 63, 65, 67, 710, 72, 73, 76, 79, 80, 81, 82, 83, 94, 95, 96, 97, 98, 100, 101, 102, 103, 107, 108, 110, 113, 116, 117, 119: V. Kurscheid | S. 7: C. Lola/Shutterstock | S. 9: J. Valokuvaus/Shutterstock | S. 10: fongbeerredhot/Shutterstock | S. 12, 14, 29: E. Isselee/Shutterstock | S. 13: Y. Cosijn/Shutterstock | S. 15, 52: otsphoto/Shutterstock | S. 17: A. Shaff/Shutterstock | S. 21: redpip1984/Shutterstock | S. 23, 109: M. Barts | S. 25: fotorawin/Shutterstock | S. 38: G. Russan/Shutterstock | S. 39: A. Maneejak/Shutterstock | S. 40: A. Lakacauskas 1973/Shutterstock | S. 44: C. Lola/Shutterstock | S. 46: L. Chilanti/Shutterstock | S. 47: smrm1977/Shutterstock | S. 49: S. Heap/Shutterstock | S. 53: Julie Vader/Shutterstock | S. 54: outc/Shutterstock | S. 57: A. Shaff/Shutterstock | S. 58: C. Lola/Shutterstock | S. 59: K. Chelette/Shutterstock | S. 60: Rasulov/Shutterstock | S. 64: A. Hoychuk/ Shutterstock | S. 66: S. Fuangnakhon und A. Kadr/Shutterstock | S. 68: M.Godbehear/Shutterstock | S. 69, 70: Praisaeng/Shutterstock | S. 71u: P. Paramee/Shutterstock | S. 74: N. Petruzzelli | S. 77: anetapics/Shutterstock | S. 78: Foonia/Shutterstock | S. 84: A. Pudsumran/Shutterstock | S. 85: J. Brosch/Shutterstock | S. 86: R. Serra Maia/Shutterstock | S. 87: K. Tatsiana/Shutterstock | S. 88: Okssi/Shutterstock | S. 89: Africa Studio/Shutterstock | S. 90: S. Kadula/Shutterstock | S. 91: cellistka/shutterstock | S3 92: stockcreations/Shutterstock | S. 93: Glenkar/ Shutterstock | S. 104: G. Henry/Shutterstock | S. 105: sisqopote/Shutterstock | S. 118: Luiscmyk/Shutterstock | S. 120: Delpixel/Shutterstock | letzte Umschlagseite: M. Ruder

ISBN: 978-3-86659-473-9

An der Kleimannbrücke 39/41
48157 Münster
www.ms-verlag.de
Geschäftsführung: Matthias Schmidt
Lektorat: Kriton Kunz
Layout: Mirko Barts
Druck: Alföldi, Debrecen

Danksagung und Widmung

Ich liebe Tiere und ich liebe es, Bücher über sie zu schreiben. Mein Ziel ist immer, dass sie von uns Menschen tiergerecht behandelt werden: mit Verstand, Würde und auch Nachsicht.

Ich möchte mich bei all meinen Hundemodels hier in diesem Buch bedanken und natürlich auch bei all ihren Besitzern. Es war für mich eine Wonne, die alten Hunde vor die Kamera zu bekommen und sie sehr interessiert zu beobachten. Vor allem aber danke ich meiner geliebten Dackelhündin Berta. Mein Herz ist sehr berührt und mein Kopf voller Tränen. Denn kurz vor der Abgabe meines Manuskriptes ist Berta für immer eingeschlafen – ihr widme ich dieses Buch. Ich vermisse sie jeden Tag. Mach's gut, meine große Liebe!

Inhaltsverzeichnis

KAPITEL 4 - Unterwegs

KAPITEL 5 - Ernährung

KAPITEL 6 - Abschied

Berta gehört zu der kleinsten Dackelrasse, sie ist ein Kaninchenteckel

EINLEITUNG

Die Sonne scheint zart durch die hellgrün bewachsenen Frühlingszweige, die Wiese ist voller Gänseblümchen, es duftet nach bunten Knospen. Ich habe eine Decke ausgelegt und einen Picknickkorb mitgebracht. Meine alte, liebe Dackeldame Berta sitzt neben mir, sichtlich die Sonne genießend.

Berta ist ein kleiner Rauhaardackel, genauer gesagt ein Kaninchenteckel, mittlerweile schon stolze 17 Jahre alt. Sie läuft nicht mehr viel und ist inkontinent. Sicherheitshalber habe ich ihr die Windel angelassen, falls die Kleine doch schnell mal Urin verliert oder gar ein Geschäftchen verrichten muss. Berta kennt die Windel, sie hat früher als läufige Hündin auch schon Höschen getragen, ich hatte sie langsam daran gewöhnt. Und so bereitet ihr solch ein zweckmäßiges „Kleidungsstück" keinen Stress, sie wehrt sich nicht dagegen und trägt sie demnach problemlos.

Im Lauf der Jahre wird die Beziehung zum Hund immer inniger

Berta scheint jetzt die Leberwurst auf dem Baguette zu riechen, in das ich gerade genüsslich beiße. Sie steht auf und wackelt ein paar Schritte um den Picknickkorb, als plötzlich eine Dame neben uns steht und mich direkt mit folgendem Satz konfrontiert: „Ach, du meine Güte! Lassen Sie den Hund doch lieber einschläfern. Er trägt Windel, das ist doch total würdelos! Und wie er hier herumwackelt, das ist ja kein Hund mehr!"
Mein Baguette rutscht mir fast aus dem Mund – ich bin sprachlos. Was fällt dieser Dame ein? Wie kann sie diesen schönen Moment hier auf der Frühlingswiese mit solch unverschämten Aussagen zerstören und mich auffordern, meinen Hund ins Jenseits zu befördern?
Ich beuge mich zu Berta, nehme sie auf den Schoß, streichle sie und blicke zu der Dame hoch, kopfschüttelnd. Es dauert nur ein paar Sekunden, dann wendet sie sich ab und entfernt sich.
Gedankenversunken sitze ich da und schaue mir Berta an. Auf einmal brodelt es in mir: Wie fühlt sich Berta tatsächlich? Muss ich sie einschläfern? Wann ist Bertas Ende gekommen? Darf ein inkontinenter Hund nicht weiterleben?
Berta hat mit ihren 17 Jahren ganz klar ihren letzten Lebensabschnitt erreicht, sie ist eine betagte Hundepersönlichkeit. Doch sie läuft noch, geht spazieren, schnuffelt an jeder Ecke, frisst zwei Mal am Tag ihren kleinen Futternapf leer, trinkt mit Genuss frisches Wasser und schläft unheimlich gerne und schnarcht in vollen Zügen. Also ganz klar: Berta ist im Grunde ein glücklicher Hund im Rentenalter! Ein Dackel-Senior, der es absolut verdient hat, mit Qualität zu altern und noch zu leben! Und dafür bin ich zuständig, ihre Besitzerin!

Berta ist ihr hohes Alter deutlich anzusehen

Den schleichenden Prozess ihres Altwerden habe ich vor ca. 8 bis 9 Jahren irgendwann bemerkt. Ich gebe nun besonders Acht, ich passe auf sie auf. Und genau das möchte ich Ihnen, liebe Leser, hier in meinem Buch genau erläutern: Wann ist ein Hund alt? Was ist im Alter zu beachten? Was sind die Vorteile eines betagten Hundes? Wie soll der Tagesablauf eines Hunde-Rentners aussehen? Wann merke ich, dass es mit dem Liebling langsam zu Ende geht, und welche Möglichkeit gibt es, den Hund in Erinnerung zu behalten?

Alt und glücklich, das ist wichtig

Freuen Sie sich in dem Buch auf eine schöne Reise in das Leben alter Hunde. Hier erhalten Sie zahlreiche Tipps im Umgang mit den wunderbar „alten Fellen".

Kapitel 1 – Überblick

Wann ist ein Hund alt?

Meine Dackeldame ist mit ihren 17 Jahren schon uralt – ich habe die Erfahrung gemacht, dass dies jeder sofort bestätigt. Viele Hunde werden 13 oder 14 Jahre alt, aber 17 ist wirklich eher selten. Immer, wenn ich stolz von Bertas Alter erzähle, fängt jeder sofort an zu rechnen und zu fragen: „Das Hundealter muss man mal 7 nehmen, um zu erfahren, wie viele Menschenjahre jetzt Berta erreicht hat, nicht wahr? Wooow: Berta wäre jetzt 119 Jahre alt!“

Ja, diese Rechnung ist eine ganz grobe Faustformel, wobei ich dann immer dazusage, dass Berta eine „alte Oma“ ist, in Menschenjahren vielleicht um die 90 Jahre alt. Denn ein Mensch kann ja in der Tat fast keine 119 Jahre alt werden.

Nun, aber wann fängt das Altern bei Hunden an? Altern ist individuell. Bei dem einen Hund setzt es

Graue Schnauzen verraten meist, dass der Hund älter ist

früher ein, vielleicht weil er schon länger krank ist und Medikamente bekommt. Der andere altert erst viel später, da er seit dem Welpenalter nur sehr gesundes und abwechslungsreiches Futter zu sich nimmt und sehr sportlich gehalten wird.

Doch grundsätzlich gibt es ein paar Richtlinien, an denen Hundebesitzer sich orientieren können, um zu wissen, ab wann ihr Liebling zum „alten Eisen“ gehört. Es kommt nämlich vor allem auf die Größe des Hundes an! Also: Je größer ein Hund, desto geringer ist seine Lebenserwartung. Das heiß natürlich umgekehrt: Je kleiner ein Hund ist, desto älter wird er, und er bleibt auch fitter bis ins hohe Alter.

Kleine Hunde fangen mit ca. 9 bis 10 Jahren an zu altern, große können bereits mit 6 oder 7 Jahren als Senioren bezeichnet werden. Wenn wir von Rassehunden sprechen, gehören zu Letzteren vor allem Doggen oder Irische Wolfshunde. Bei den kleinen Rassen wären beispielsweise Dackel und Yorkshire Terrier zu nennen.

Kleine Hunde werden meist älter als ihre großen Artgenossen

Alterserscheinungen/Alterungsprozess

Ich hatte meine Kamera in der Hand und wollte Berta fotografieren. Sie lag tiefenentspannt in ihrem Körbchen, ihre Schnauze auf dem Körbchenrand. Die Dackeldame atmete tief und merkte gar nicht, dass ich mich samt Kamera vor sie legte und versuchte, einen hübschen und passenden Bildausschnitt zu finden. Da fielen mir auf einmal die grauen Haare unter ihrer feuchten Nase auf. Ich hatte an meine Kamera ein Makro-Objektiv geschraubt. Schlagartig wurde mir bewusst, dass Berta nicht mehr meine kleine, aufgedrehte, junge Dackel-Lady war.

Sie schlummerte einfach weiter, und ihre vielen, weißen Fellhaare waren nicht zu übersehen. Zu diesem Zeitpunkt war Berta 9 Jahre alt. Ab da fing ich an, meine sonst so eigenwillige Dackelhündin noch aufmerksamer zu beobachten und intensiver wahrzunehmen. Ja, so langsam alterte sie, sie kam in die Jahre!

Zum Checken:
Liste der Alterserscheinungen

- Graue Haare, besonders im Schnauzenbereich, auch an den Augen
- Bewegungsapparat wird langsamer
- Wunsch nach Schlaf nimmt zu
- Nachlassen der Sehleistung, Augen werden trüb, ggf. Grauer Star
- Nachlassen der Hörleistung
- Spaziergänge dauern länger, Hund schnüffelt noch länger an jeder Ecke
- Leistung des Herzens wird schwächer, vermehrtes Hecheln und Atmen
- Inkontinenz
- Fressabstinenz oder Fress-Sucht
- Verwirrtheit, Demenz

Diese Dogge gehört mit ihren 7 Jahren schon zum alten Eisen

Wenn Hunde ins betagte Alter wandern, machen sich auch gewisse Einschränkungen bemerkbar. Wie sehen ihre Augen aus? Werden sie langsam trüb? Steht der Hund morgens noch gerne auf, wie lange braucht er dafür? Hört er noch das Knistern der Leckerchentüte? Wie sieht sein Fell aus? Wird es langsam matt und weniger?

Diese Symptome sind auf den ersten Blick natürlich nicht erfreulich. Wer sich einen Hund anschafft, der denkt meist an ein gesundes Tier, für das er beim Tierarzt maximal einmal im Jahr Geld für Impfungen ausgeben muss. Über 9 Millionen Hunde leben mittlerweile in deutschen Haushalten, sagt die Statistik, und die Tendenz ist steigend!

Eine trockene Schnauze kommt bei Hunde-Senioren öfter vor

Doch warum möchten wir einen Hund haben? Ja, Hunde sind treue Seelen, in manchen Fällen Partner- oder auch Kinderersatz, wir können mit ihnen gemeinsam Sport machen oder kuscheln, die Natur erleben, sie bringen uns raus ins Grüne. Doch wir alle werden alt – so auch unsere Hunde.

Trübe Augen können auf einen Grauen Star hinweisen

Ich möchte hier viele Tipps geben, damit Hunde im Alter nicht lästig werden. Ganz im Gegenteil: Wer sich dessen bewusst ist, dass der vierbeinige Liebling ein Senior wird, kann sich perfekt darauf vorbereiten und sogar lernen, welche Vorteile die „alten Felle“ haben.

Vorteile eines alten Hundes

Ich bin Journalistin, Buchautorin und Fotografin. Seit 17 Jahren nehme ich Berta sowohl beruflich als auch privat überallhin mit. Manch ein Job allerdings ist so, dass Berta nicht unbedingt direkt neben mir sitzen kann. Ich shoote z. B. Katzen für einen Verlag. Ein Hund in der Nähe wäre eine Katastrophe. Keine Mietze würde in Ruhe Position einnehmen, sich die Pfote lecken und ich könnte sie mit der Kamera ins beste Licht rücken. So muss Berta während des Shootings in ihrer geliebten Hundetasche im Auto verweilen.
Als Berta noch jung war, habe ich sie maximal eine Stunde im (natürlich entsprechend temperierten!) Auto gelassen. Dann gab es eine schöne Pause von 20 bis 30 Minuten, wir sind spazieren gegangen, sie hat frisches Wasser bekommen.

Gib mir fünf: Auch alte Hunde sind noch lernfähig

Doch jetzt im Alter möchte Berta gar nicht mehr aus ihrer Tasche rausgeholt werden. Meine Dackeloma schaut mich kurz an und vergräbt ihre Schnauze dann tief in ihre Kuscheldecke.
Berta möchte Ruhe, die fordert sie auch ein. Und dies überträgt sich dann auch auf mich. Ich muss einen alten Hund nicht mehr ständig bespaßen, ganz im Gegenteil. Ich kann Berta auch 3 bis 4 Stunden alleine zu Hause lassen. Sie kennt sich in der Wohnung aus, dackelt mal von einem Plätzchen zum nächsten Körbchen, schlabbert bei Bedarf ein bisschen Wasser und legt sich dann wieder hin.
Für meinen Job bedeutet das noch mehr Freiheit als früher. Ich weiß, dass mein Hund ruhiger ist, und er weiß, dass ich wieder zurückkomme. Wir vertrauen uns nach so vielen gemeinsamen Jahren.
Alte Hunde sind ganz klar weise, Besitzer und Vierbeiner verstehen sich auch ohne Worte, sie fordern keine Action mehr ein. Alles geht einen Gang zurück, das Zusammenleben ist tatsächlich entspannter. Ein alter Hund ist

Den Besitzer immer im Blick: Hunde-Rentner brauchen Vertrauen

gelassener, und hiervon können Besitzer sich wirklich etwas abschauen, denn unsere heutige Zeit ist oftmals hektisch und leider schnelllebig.
Das Schöne ist: Hunde leben im Heute! Wir können von ihnen lernen, die Gegenwart zu genießen. So wie bei Kindern. Manch einer sehnt sich danach, einfach mal wieder Kind zu sein, einfach mal unbeschwert zu leben. So ticken auch Hunde-Senioren: Gelassen sein und erkennen, was wirklich zählt. Alter ist also wirklich eine Frage der Einstellung. Und es kann herrlich sein! Die übergroße Power ist raus, jetzt zählen nur noch die wichtigen Dinge!
Friedrich Schiller sagte einst: „Einfachheit ist das Resultat der Reife". Vielleicht hat der Dichter hier auch Hunde beobachtet, denn Hunde sind genügsam, eher schlicht strukturiert in ihren Bedürfnissen: Sie wollen in ihrem Rudel leben, schlafen, trinken, fressen, sie möchten respektiert werden. Hunde erinnern einen an die einfachen Dinge! Und das vor allem, wenn sie alt werden.

Dackelhündin Berta schläft sehr viel

Alter Hund: Na und? Alles zum Thema Secondhand-Hunde

Nun, bisher habe ich nur beschrieben, wie es ist, wenn der eigene, einst junge, fitte und gesunde Hund altert und zum vierbeinigen Senior wird. Doch es gibt natürlich auch für diejenigen, die sich einen Hund anschaffen möchten, die Möglichkeit, direkt einen alten Hund aufzunehmen. Der große Unterschied ist, dass sich hier der Mensch bewusst entscheidet, ein älteres, gar betagtes Tier an seine Seite zu nehmen. Warum immer einen jungen Hund wählen, gar einen Welpen, der komplett erzogen werden muss und das ganze Leben noch vor sich hat?
Es findet also kein schleichender Prozess des Altwerdens statt, sondern auf einmal sitzt zu Hause ein ausgewachsener, mit Erlebnissen gefüllter Hund, der sich erst einmal neu orientieren muss. Im Idealfall handelt es sich um ein ruhiges, gelassenes, erfahrenes und gar dankbares Wesen. Doch leider ist es nicht immer so. Wichtig ist, dass die neuen Besitzer den alten Hund psychisch und physisch unterstützen, er ist auf jeden Fall hilfsbedürftig. Wir Menschen sind ganz klar immer für die Hunde verantwortlich!

Auch ein alter Hund aus zweiter Hand hat eine neue Chance verdient

Hund aus dem Tierheim oder von einer Tierschutzorganisation

Viele Menschen wollen gerade Hunden aus dem Tierheim eine neue Chance geben. Die „armen Seelen“ hocken hinter den Zwingergittern, der Vorbesitzer ist vielleicht verstorben, oder in der früheren Familie hat plötzlich das Kind eine Hundehaarallergie entwickelt. Zahlreiche Schicksale können hier aufgezählt werden. Etliche Hunde wurden auch aus dem Ausland gebracht, weil sie sonst in der Tötungsstation verendet wären.

Die andere Möglichkeit, einen „gebrauchten“, alten Hund zu finden, ist das Internet. Hier gucken sie einen mit ihren großen, traurigen Kulleraugen an, eine wunderschöne Story wird als Beschreibung hinzugefügt.

Doch Vorsicht! Genauso wie bei Hunden vom Züchter muss immer ganz genau hinterfragt werden, ob dieser mögliche „Wunschhund“ wirklich zum eigenen Lebenskonzept passt. Vor allem auch, ob Sie als neuer Besitzer den Bedürfnissen des Hundes gerecht werden können. Hunde sind Lebewesen, die zu echten Familienmitgliedern werden und im besten Fall bis zu 20 Jahre alt werden können!

Wissen und Vorbereitung auf ein neues Haustier, das ist entscheidend. Gerade Secondhand-Hunde können enorme Schwierigkeiten machen. Die Sozialisierung kann fehlen, sie können unerwartet zuschnappen, Ängste in sich tragen etc.

Viele Mischlinge warten in Tierheimen auf ein neues, liebevolles Zuhause

Bitte aus diesen Gründen nicht gleich den Hund aufnehmen, sondern testen, ob das Tier passt – Sie müssen es beobachten!
Fragen über Fragen, die vorab genau überlegt werden müssen. Also bitte nicht gleich schwach werden, wenn Sie einen 14jährigen, wuscheligen Golden-Retriever-Mischling hinter Gittern finden und ihn ja „ach so süß“ finden.

Checkliste für einen Secondhand-Hund:

- Haben Sie genügend Zeit? Wie sieht Ihr Tagesablauf aus?
- Wie haben Sie sich auf den Hund vorbereitet? Kennen Sie sich mit Hunden bereits aus?
- Sind alle im Haushalt / in der Familie mit dieser Entscheidung für einen „gebrauchten“ Hund einverstanden?
- Kann der Hund mit zur Arbeit? Oder müsste er 8 Stunden alleine zu Hause bleiben?
- Was ist, wenn Sie Urlaub machen? Wer kümmert sich um den Hund?
- Haben Sie genügend Geld für Tierarztbesuche und ggf. für teure Medikamente?
- Haben Sie Geld ggf. für eine Hundeschule?
- Nicht vergessen: Hundesteuer, ggf. Hundeführerschein, Haftpflichtversicherung

Alte Hunde brauchen viel Zuneigung

Kapitel 2 – Gesundheit

Der Weg zum Tierarzt: Alters-Check

Zurück zum alternden Hund. Berta war 10 Jahre alt, ihr Fell um das Schnäuzchen und um ihre Augen wurde monatlich ein bisschen grauer. Doch sie war immer noch ein „echter“ Dackel: ein kleiner, kesser Hund mit eigenem Kopf. Agil und zu allen Schandtaten bereit.
Ich lief mit ihr morgens meine Runde um den Block. Heute wollte ich Homeoffice machen. Und das liebt Berta: Frauchen stets an ihrer Seite, und ab und zu stupst sie mich dann mit ihrer feuchten Schnauze an, um mich zu fragen: „Na, wollen wir eine Runde raus? Oder kannst Du mir in der Wohnung ein paar Futterstückchen verstecken?“ Wir beide sind ein eingespieltes Team. Während des konzentrierten Arbeitens immer wieder kleine Pausen machen: für Frauchen und den Hund perfekt!
Nun, jetzt war es aber wie erwähnt erst morgens, wir dackelten gemeinsam um die Häuser, als mir plötzlich auffiel, dass meine Berta nicht ganz rund lief. Das linke Hinterbeinchen schwächelte. Nein, kein echtes Hum-

Wenn bei alten Hunden die Zähne fehlen, wird die Zunge locker

Der Tierarzt kann bei Bedarf auch Augentropfen verabreichen

peln, aber knackig wie immer stolzierte Berta an diesem Morgen nicht die Straße entlang. Ich schaute sofort nach, nahm Berta hoch, untersuchte ihre vier Pfoten. Ein Fremdkörper, dachte ich. Aber nein, nichts war zu entdecken. Ich ließ Berta wieder runter, und sie lief immer noch holprig weiter.

Am Nachmittag dasselbe Spiel. Ich rief meine befreundete Tierärztin an und sagte, dass ich mir ein klein wenig Sorgen mache. Für den nächsten Tag bekam ich sofort einen Termin. Berta jammerte nicht, sie hatte wohl keine Schmerzen. Dennoch war ich froh, als endlich ein Fachmann bzw. eine Fachfrau Berta

Der Tierarzt checkt das Hundegebiss

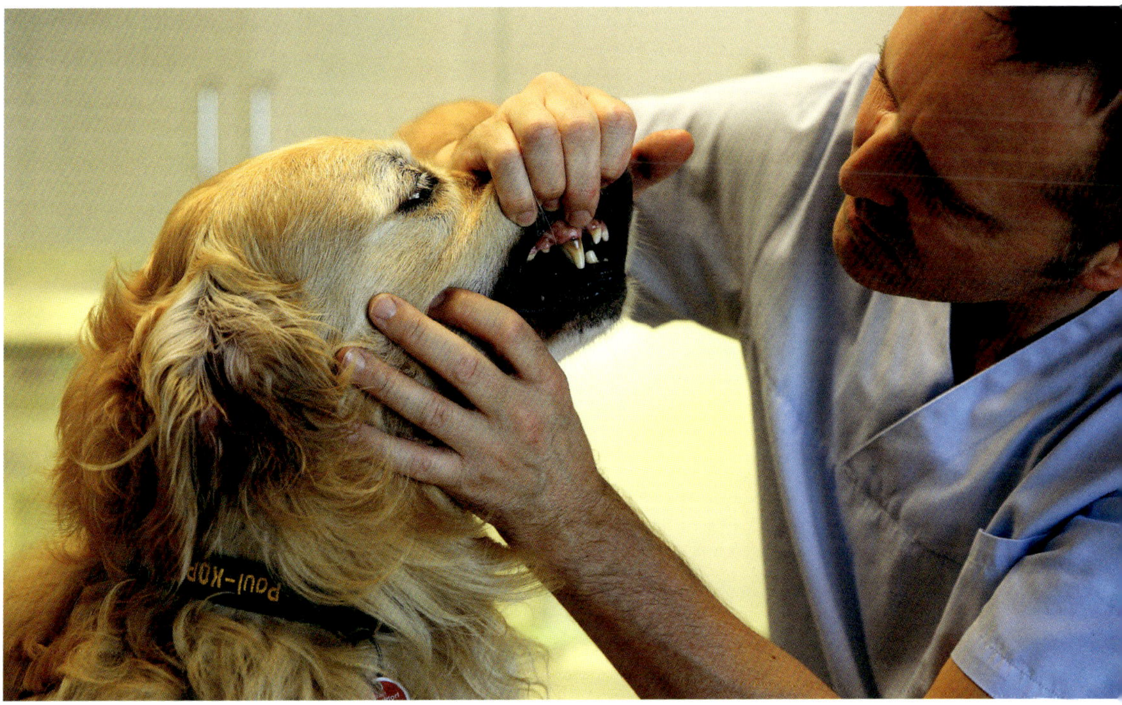

Der Vorsorge-Check im Überblick

- Augen-, Ohren-, Maulkontrolle
- Fellkontrolle
- Herzkontrolle
- Blutuntersuchung (möglichst nüchtern) mit Hormonuntersuchung
- Harnuntersuchung (Morgenurin)
- Gelenke-Check / Arthrose
- Blutdruck messen
- EKG: kann Herzerkrankungen aufdecken
- Ultraschall: Check des Bauchraums auf Tumoren etc.
- ggf. Röntgenaufnahme: Lungen- und Knochencheck
- ggf. Magen- und Darmspiegelung: Check von Tumoren, Polypen, Geschwüren

Golden-Retriever Paul ist beim Tierarzt sehr geduldig

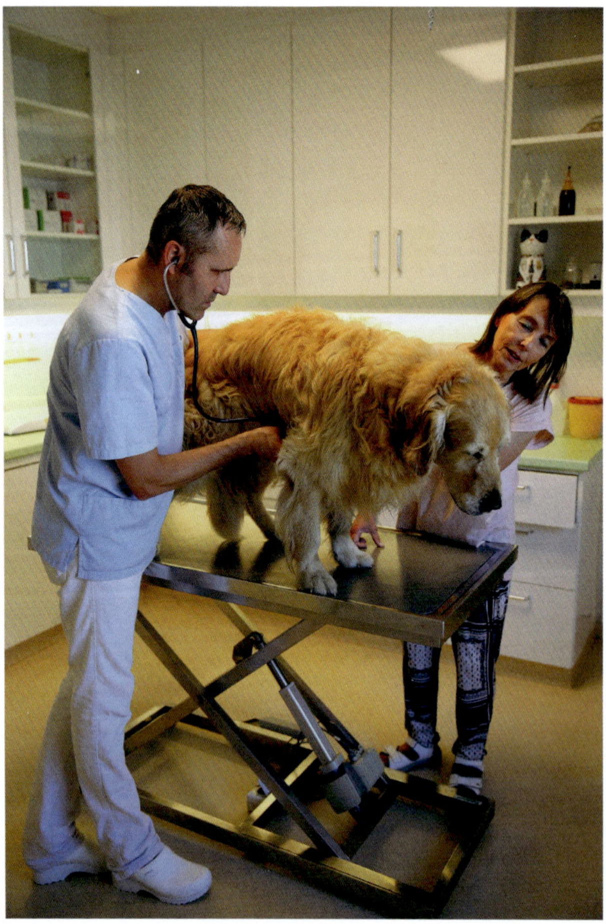

untersuchte. „Nichts Akutes", sagte sie nach einem gründlichen Check. Doch die Ärztin bat mich, bei Berta Blut abnehmen zu dürfen, um sie vor allem jetzt im Alter einmal richtig zu überprüfen.

Oh ja, da wurde mir erst einmal richtig bewusst, dass Berta so langsam eine Seniorin wird. Ich stimmte zu, denn Berta war eigentlich noch nie richtig durchgecheckt worden. Ich nehme regelmäßig mit Berta die Impftermine wahr, aber ansonsten hat meine Hündin mit einer Tierarztpraxis wenige Berührungspunkte.

Dann fragte mich die Tierärztin auch noch, welches Futter Berta bekomme, und riet mir, dass ich mir allmählich über ein altersgerechtes Füttern Gedanken machen solle.

Über die richtige Ernährung kann vieles ausgeglichen werden. Vielleicht fehlt Berta ja etwas? Kalziummangel? Irgendein anderer Mineralstoffmangel? Das Humpeln könnte auf so etwas hinweisen. Wobei bei der Rasse „Dackel" ja auch oftmals die typische „Dackellähmung" in Betracht kommen kann. Doch die Tierärztin winkte sofort ab: Berta ist durch ihre geringe Größe perfekt proportioniert, vor allem ist ihr Rücken im Vergleich zu anderen Dackeln nicht übermäßig lang.

Somit hatte Berta an diesem Tag also einen echten Geriatrie-Check. Geriatrie kommt übrigens aus dem Griechischen und heißt „Altersheilkunde". Hier ist neben der gründlichen körperlichen Untersuchung (Herz abhören, Ohren-, Augen- und Gebisskontrolle, Gewichtsbestimmung, Reflexuntersuchung etc.) auch ein Urin- und Bluttest entscheidend. Dabei werden Leber-, Nieren-, Bauchspeicheldrüsen- und Zuckerwerte bestimmt. Zum Schluss kam übrigens heraus, dass meine Hündin leicht übergewichtig war und sich wohl einen Tag zuvor beim Ballspielen das Hinterbein verstaucht hatte.

Drei, vier Tage später war alles wieder beim Alten, Berta stolzierte ohne Probleme auf dem Gehweg. Doch ich wusste ab diesem Tierarzttermin, dass ich es

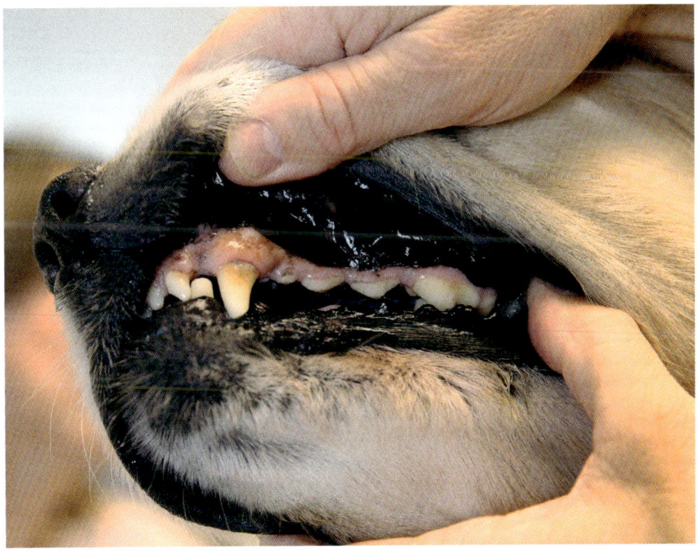

Zahnstein kommt bei alten Hunden häufig vor

Zum Check gehört auch die Ohrenkontrolle

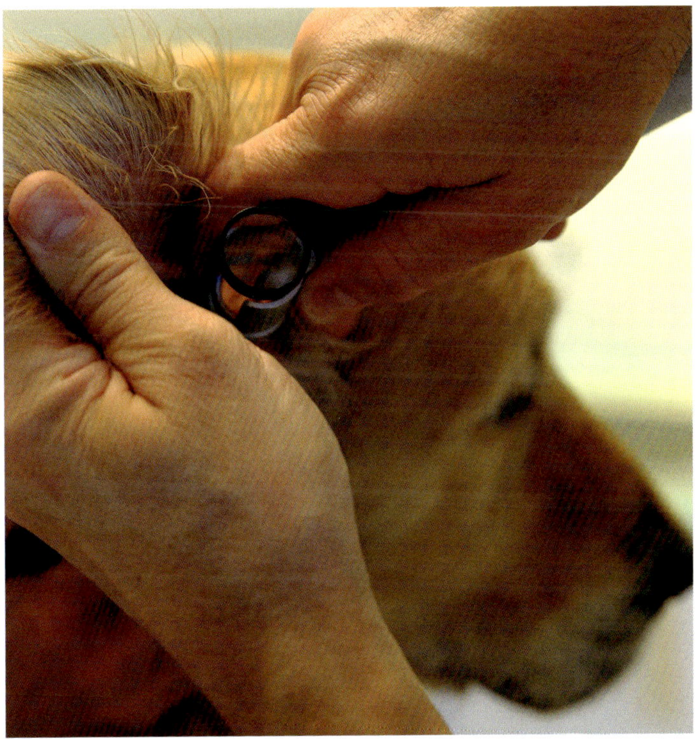

Alte Hunde sollten einmal im Jahr zum Tierarzt-Check

mit Berta zum einen ab jetzt ein bisschen langsamer angehen musste, zum anderen bekam ich Tipps, wie ich von nun an Bertas Ernährung umstellen sollte. Ihre Muskeln, ihre Knochen, ihr Körper: Alles war älter geworden und konnte jetzt nicht mehr so stark herausgefordert werden!

Ich rate dementsprechend allen, die einen Hund ab einem Alter von 6 oder 7 Jahren haben, mit ihm einmal im Jahr die Tierarztpraxis aufzusuchen. Auch wenn nichts Akutes vorliegt, die Prophylaxe ist wichtig, die Gesundheitsvorsorge!

Es gibt übrigens auch **Anzeichen für Schmerzen**, vor allem für chronische. Manch ein Hundebesitzer geht mit seinem Liebling nicht zum Vorsorge-Check. Doch wenn folgende Symptome – abweichend vom gewohnten Verhalten – beim Hund auftreten, dann bitte sofort einen Termin beim Tierarzt vereinbaren:

- Knurren / Zuschnappen beim Streicheln, Aggression
- Körper ist angespannt
- Lecken / Übersprungshandlung
- Unruhe, Kratzen
- Übermäßiges Lecken, Sabbern / Zahnprobleme, ggf. Entzündung
- Häufiges Hinlegen
- Beschwertes Hinlegen
- Hinlegen in stiller Ecke / Ruhe einfordernd
- Häufig Kopf gesenkt
- Krummer Rücken
- Appetitlosigkeit / Futterabwehr
- Humpeln
- Stöhnen, lautes Schnaufen
- Verdauungsstörung
- Unangenehmer Geruch
- Inkontinenz

Ganz wichtig hier: Symptome beim Tierarzt abklären lassen, Ursache finden, Behandlung einleiten!

Alterserkrankung: ein Beispiel

Bis zum 15. Lebensjahr lebte meine Berta übrigens gesund und glücklich. Ich wusste dennoch, dass ihr Feierabend bereits eingeläutet war, dass ihre besten, sportlichsten Jahre der Vergangenheit angehörten. Nach dem Tierarzt-Check hatte ich ihr Futter umgestellt, und das neue, etwas kalorienreduzierte Fressen mochte sie auf Anhieb (Futterideen und -rezepte siehe Kapitel „Ernährung").

Vor vier Jahren dann aber passierte ein schrecklicher Vorfall. Ich lief mit Berta auf einem Gehweg an einer befahrenen Straße. Berta zögerte etwas an der Leine. Sie blieb stehen, dann lief sie weiter. Ich hatte es nicht eilig und wurde langsamer, um Berta zu beobachten. Dann blieb sie wieder stehen. Sie setzte sich sogar hin. Ich sprach sie an und sagte „Hopp, Berta, komm, wir gehen weiter. Dies ist kein geeigneter Platz, um ein Päuschen einzulegen."

Die Autos rauschten an uns vorbei. Berta schaute wie in Trance in Richtung Straße, sie suchte nicht mehr den Blick zu mir. Plötzlich wackelte ihr ganzer Kopf. Sie kippte komplett um und lag auf dem Gehweg. Ich stürzte sofort zu ihr, streichelte sie, wollte sie beruhigen. Doch sie war nicht ansprechbar. Ihr ganzer Köper begann zu zucken, sie schäumte aus dem Maul, ihre Vorderpfötchen bewegten sich hektisch, also ob sie auf einer Wiese davonrennen wollte.

Dann fing sie an zu jaulen, zu weinen. Ich nahm sie auf den Arm, sprach mit leiser Stimme zu ihr,

Hunde sollten auch im Alter schlank sein

Berta erschöpft nach einem ihrer epileptischen Anfälle

beugte mich komplett über sie, damit sie etwas geschützter war. Nach 30 Sekunden war der Spuk vorbei. Das Zucken hörte schlagartig auf, sie verlor Urin, guckte mich an. Die Autos zischten weiterhin in hoher Geschwindigkeit an uns vorüber.

Ich suchte hektisch den nächsten Wiesenabschnitt. Nach 200 m fand ich einen, legte Berta vorsichtig hin. Sie schüttelte sich, drehte sich, pinkelte erneut und wollte weiterlaufen. Auf einmal war alles so wie vorher.

Sofort schnappte ich mein Handy und rief die Tierarztpraxis an. „Ein Notfall", sagte ich. Und ich hatte Glück, denn gerade eben hatte in der Praxis ein Patientenbesitzer mit seiner Katze den Termin abgesagt. Sogleich fuhr ich mit Berta hin: Verdacht auf Epilepsie! Die Tierärztin sagte, ich müsse abwarten und beobachten, ob Berta erneut Anfälle bekommen oder ob dies ein einmaliger Vorfall bleiben würde.

Zwei Tage später kam wieder ein Anfall. Die Tierärztin verschrieb Berta sofort ein Medikament: Tabletten, die ich ihr zwei Mal am Tag unters Futter mischen muss.

Geschafft! Von da an ging es Berta wieder besser. Nun kam die Frage auf, warum meine Dackelhündin zu einer Epileptikerin wurde. Was war die Ursache? Eine große Untersuchung mit Vollnarkose stand auf dem Plan.

Doch ich entschied mich dagegen! Berta war mittlerweile 15 Jahre alt. Warum sollte ich meinem alten Hund noch solch einen Stress zumuten? Was, wenn bei der Untersuchung herauskäme, dass sie vielleicht einen Hirntumor hat? Bei einem solch alten Hund rät hier kein Fachmann mehr zu einer Operation. Und so war ich mir sicher, dass Berta bis an ihr Lebensende Tabletten einnehmen muss, um ohne weitere Anfälle gut weiterleben zu können. Bis dato war es die richtige Entscheidung!

Von der Epilepsie zur Demenz

Die Tablettendosis hat sich bei Berta mittlerweile erhöht. Ich hatte nochmals mit der Tierärztin gesprochen und ihr berichtet, dass meine Dackel-Oma immer öfter mit dem Kopf wackelt und kurz vor einem Anfall steht. Ich sollte einfach eine halbe Tablette mehr am Tag geben und kurz vor dem Schlafen die Dosis ebenfalls um eine halbe Tablette erhöhen. Es war eine gute Beratung der Ärztin, Berta ging es von da an wieder besser.

Doch eines Tages fiel mir auf, dass Berta direkt nach der morgendlichen Futterration im Flur an der Wand stand und diese ansah. Ich blieb stehen und beobachtete sie. Nach 5 Minuten fing Berta an, zu kratzen. Sie glaubte wohl, sie stehe vor der Tür. Dann begann sie zu bellen. Ich nahm sie auf den Arm und trug sie runter an den Gehwegrand. Berta löste sich sofort.

Von da an war ich mir sicher, Berta noch mehr im Blick haben zu müssen. Und siehe da, eine Woche später entdeckte ich im Küchenbereich neben ihrem Futter-

Typische Anzeichen einer beginnenden Demenz bei Haustieren

- Räumliche und zeitliche Desorientiertheit
- Verändertes Lern- und Erinnerungsvermögen
- Stubenreinheit geht verloren
- Schlafunterbrechungen
- Orientierungslosigkeit
- Nervosität, Kratzen, Hecheln
- Verhalten gegenüber Besitzer verändert sich
- Veränderung im Fressverhalten

...und plötzlich verändert sich der betagte Vierbeiner. Diagnose: Demenz

napf eine kleine Pfütze. Ich wischte alles weg. Doch es blieb nicht bei der einen Pfütze. Daraufhin schnappte ich mir Berta jeden Tag immer direkt nachdem sie gefressen hatte und brachte sie raus ins Grüne.
Drei Wochen später wollte ich los zu einem Termin und fand Berta nicht mehr in unserer Wohnung. Sie hatte drei Plätze, auf denen sie eigent-

Alte Hunde immer beobachten: Sie brauchen menschliche Unterstützung

lich immer lag. Auch an ihrer Futterstelle stand sie nicht, weder im Flur noch im Küchenbereich war sie zu entdecken. Ich machte mir plötzlich wirklich Sorgen! Die Terrassentür stand auf, aber selbst dort war von der Dackeldame weit und breit nichts zu sehen.
Ich setzte mich hin, um einmal ganz ruhig die Umgebung zu belauschen. Auf einmal hörte ich ein Atemgeräusch, ein leises Stöhnen. Ich schaute in die Ecke, wo unser Fernseher stand. Und genau da hing Berta fest! Sie hatte sich versehentlich zwischen zwei Kabel gestellt und kam nicht mehr aus der Ecke raus. Sofort befreite ich sie.
Nun war mir klar: Berta ist verwirrt, ihr fehlt die Orientierung. Ich muss wieder ein Stück mehr auf sie achten, damit ihr nichts passiert!

Fakten zu Demenz bei Hunden

Aufgrund der sehr guten medizinischen Versorgung können unsere Hunde ein immer höheres Lebensalter erreichen. Doch genau dann kann auch das Risiko bestehen, an sogenannter kognitiver Dysfunktion zu erkranken, also Störungen der Informationsverarbeitung im Gehirn, auch Demenz genannt. Der Hund befindet sich dann im Zustand der

In der Demenz gibt es auch klare Momente. Die beiden alten Herrschaften genießen ihr Leben.

„Nicht-Wahrnehmung“. Darunter ist ein altersbedingtes Schwinden der kognitiven Fähigkeiten zu verstehen.
Das Wort Demenz kommt aus dem Lateinischen: demens, d. h. „ohne Geist“, „ohne Verstand“. Demenz betrifft Lernfähigkeit, Erinnerungsvermögen, Auffassungsgabe und Aufmerksamkeit. Das Verhalten des Tieres ändert sich. Die Symptomatik bei Hunden ist vergleichbar mit Demenz bei Menschen und führt, so wie bei Berta, zu neuen Herausforderungen im Alltag.
„Demenz ist nicht heilbar“, damit konfrontierte mich die Tierärztin sofort. Aber Hundebesitzer können einiges tun, um es gar nicht so weit kommen zu lassen. Ein abwechslungsreicher Alltag mit geistiger und körperlicher Beschäftigung, bestimmte Futtersorten mit wichtigen Bestandteilen und Kontakt zu Artgenossen, viele Ruhephasen und viel Liebe können vorbeugen (siehe auch Kapitel 2 und 3). Ich bin mir sicher, dass ich mit Berta eigentlich – fast – alles richtig gemacht habe. Theoretisch hätte sie bereits mit 12 Jahren Demenz bekommen können, jedoch erkrankte sie daran erst im wirklich sehr hohen Alter von 16 Jahren.

Wechseljahre und Midlifecrisis bei Hunden?

Sehr oft werden die Verhaltensweisen oder gar die Wünsche eines Hundes mit Menschen verglichen. Leider werden deshalb manche Vierbeiner vermenschlicht, und das ist nicht gut. Doch so tief möchte ich in dieses Thema gar nicht eintauchen, sondern ich will eigentlich nur von der „schönsten Sache der Welt“ aus der Hunde-Welt berichten. Ja, in diesem Abschnitt geht es um Sex bei Hunden, um Lust und Leidenschaft.
Jetzt denken Sie gewiss, dass es sich hier doch um ein Buch über alte Hunde handelt, und dann ist solch ein Thema doch tabu? Nein, ganz im Gegenteil! Nicht umsonst gibt es das Sprichwort „spitz wie Nachbars Lumpi“, denn in der Tat können gerade Rüden bis ins hohe Alter noch lüstern sein. Natürlich gibt es hier auch Unterschiede. Der eine Schäferhund-Rüde ist vielleicht nicht so „sexbesessen“ wie der Terriermix, der schon die ganze Hündinnen-Nachbarschaft angesprungen hat.
Ich erinnere mich hier an „Macho“. Tatsächlich, der Pudelrüde hieß Macho, und das wohl zu vollem Recht. Macho gehörte einer älteren Dame in Düsseldorf, der ich vor 10 Jahren immer mit meiner Berta bei meinem Spaziergang in der Mittagspause begegnete. Macho war damals

12 Jahre alt, ein grauer, stattlicher Hund mit stolzgeschwellter Brust, sobald er eine Hündin auch nur von Weitem sah. Seine Vorderbeine federten nach vorne, er stolzierte wie ein Gockel an der Leine viele Schritte in Richtung Hündin, das Köpfchen weit nach oben getragen. Nichts anderes interessierte ihn mehr. Ob sein Frauchen nun ein Futterstückchen in der Hand hielt oder ihn liebevoll „Maaaaaacho“ rief… Macho hatte nur noch Augen für sein felliges Gegenüber.

Sobald Berta und ich in seine Nähe kamen, schnaubte er gar wie ein Stier, umkreiste meine kleine, zarte Dackeldame, schnupperte an ihrem Gesäßbereich, stampfte mit seinen schlanken Vorderfüßen auf und fing an, heftig zu hecheln und zu schlecken. Ein Bild für die Götter!

Dann versuchte er, mit einem Vorderbein das Hinterbein von Berta zu umgreifen. Doch Berta gab ihm direkt Zunder. Und das schien den Zwergpudelrüden noch heißer zu machen. Schließlich musste er eine Dame erobern. Die Begegnungen endeten meist ähnlich: Macho versuchte alles, aber Berta ebenfalls … Zum Schluss kamen auch Bertas Zähne zum Einsatz. Und dann, welch ein Wunder, erspähte Macho von Weitem schon die nächste Hündin. Schwupps, war Berta uninteressant. Macho gockelte von dannen, und sein Frauchen verabschiedete sich von mir mit einem erleichterten Lächeln.

Berta war ihr ganzes Leben lang bei Rüden beliebt

Läufigkeit bei Hündinnen

So, nun durften Sie auch den von Paarungsgelüsten geplagten, aber völlig harmlosen Macho kennenlernen und denken gewiss darüber nach, wie solch eine Begegnung wohl verlaufen wäre, wenn ihn Berta nicht abgelehnt hätte. Oh ja, dann wäre meine Dackeldame läufig gewesen! Aber in diesen Zeiträumen wählte ich sämtliche Spazierwege, wo bloß weit und breit kein Rüde hätte auftauchen können. Und das ist auch wichtig, denn für alle Beteiligten ist es Stress, wenn eine läufige Hündin auf einen unkastrierten Rüden trifft: Für die Hunde selbst, aber auch für die Besitzer bzw. für denjenigen, der mit dem willigen Hund unterwegs ist.

Und jetzt komme ich zum wichtigsten Satz dieses Kapitels: Ja, auch alte, unkastrierte Hündinnen können noch Welpen bekommen! Denn Hündinnen können bis ins hohe Alter läufig werden und aufnahmefähig sein. Es gibt keine Wechseljahre, nach denen sie unfruchtbar wären. Im Gegensatz zu uns Menschen existiert bei Hunden also keine Menopause.

Die Wahrscheinlichkeit, dass eine 14jährige, unkastrierte Hündin von einem Rüden gedeckt wird, dabei direkt aufnahmefähig ist und trächtig

Dackeldame Berta trägt ihre Windel problemlos

wird, ist zwar gering. Doch die Möglichkeit ist auf jeden Fall gegeben!

Läufigkeit ist das Natürlichste in der Hundewelt, doch für viele Hundebesitzer sind genau diese Zeiträume lästig. Manch einer ist auch davon überzeugt, dass es für die Hündin selbst schädlich ist. Ich kann das nicht ganz unterstreichen, denn meiner Meinung nach sollten wir Menschen uns nicht zu sehr in die Natur von Lebewesen einmischen. Doch die Befürworter von Kastrationen sind davon überzeugt, dass diese nicht nur den unangenehmen, aufdringlichen Attacken der Rüden und dem Risiko der ungewollten Trächtigkeit ein Ende setzen, sondern vor allem auch der Gesunderhaltung der Hündin selbst dienen: Viele Tierärzte sagen, dass ca. 30 % der älteren, regelmäßig läufig werdenden Hündinnen an bösartigem Brustkrebs erkranken. Dieser verursacht dann auch letztendlich den tödlichen Streukrebs.

Wer verhindern möchte, dass seine Hündin läufig wird, sollte auf jeden Fall mit seinem Tierarzt Rücksprache halten. Hier gibt es die Möglichkeit der Kastration (Vollnarkose, Entfernung der Eierstöcke und der Gebärmutter), aber auch z. B. Hormonbehandlungen.

Fakten zur Läufigkeit

- Erste Läufigkeit: Im Hundealter von sechs bis zwölf Monaten
- Häufigkeit: 2 x im Jahr
- Länge der Läufigkeit: Vier unterschiedliche Zyklus-Phasen: Vorbrunst (Dauer: ca. 8 bis 10 Tage, blutiger Ausfluss), Brunst (8 bis 10 Tage, heller Ausfluss, aufnahmefähigste Zeit!), Nachbrunst (keinen Ausfluss mehr) und Ruhephase des Zyklus
- Im Alter? Die Dauer des Zyklus verlängert sich. Die Hündin wird seltener läufig, meist nur noch einmal im Jahr.

Fit bis ins hohe Alter

Nach der Kastration

Wer nun meint, dass alle kastrierten Hündinnen und Rüden nach dem großen Eingriff ganz brav werden und nicht mehr an Paarungen interessiert sind, den muss ich enttäuschen. Ja, die meisten operierten Tiere werden ruhiger und gelassener. Doch es gibt auch männliche Exemplare, die trotzdem bei der nächsten „leckeren" Hündin ihre Beinchen und Zungen nicht stillhalten können.

Werden Rüden nämlich z. B. spät kastriert, bleiben oft viele Elemente aus ihrem ehemaligen Sexualverhalten bestehen. Ihr Körper erinnert sich sozusagen an das ehemals triebhafte, hormongesteuerte Verhalten. Ein Macho, der ab dann quasi nur noch mit Luft arbeitet. Okay, die Kastration seines Tieres kann den Rüden-Besitzer deutlich beruhigen, und den Hündinnen-Besitzer, der gegenüber steht, vermutlich auch.

Übrigens: Solch ein Verhalten können auch kastrierte Hündinnen an den Tag legen. Ich denke da vor allem an „Bella". Bella ist eine Mops-Hündin, die mit 4 Jahren kastriert wurde. Eine fesche, kesse Möpsin, die selbst nach dem großen Eingriff wohl noch lecker duftet und stets viele Rüden um sich versammelt. Ab und an steht sie mit gespreizten Hinterläufen da, also ob sie aufnahmefähig sei. Sie kokettiert gewaltig. Ein herrlicher Anblick, und einige Rüden fallen darauf rein.

Bella wurde aus einem ganz bestimmten Grund kastriert. Mehr dazu im folgenden Abschnitt.

Dieser Mops trägt nach der Kastration einen Halsschutz, damit er nicht an seine frische Wunde herankommt

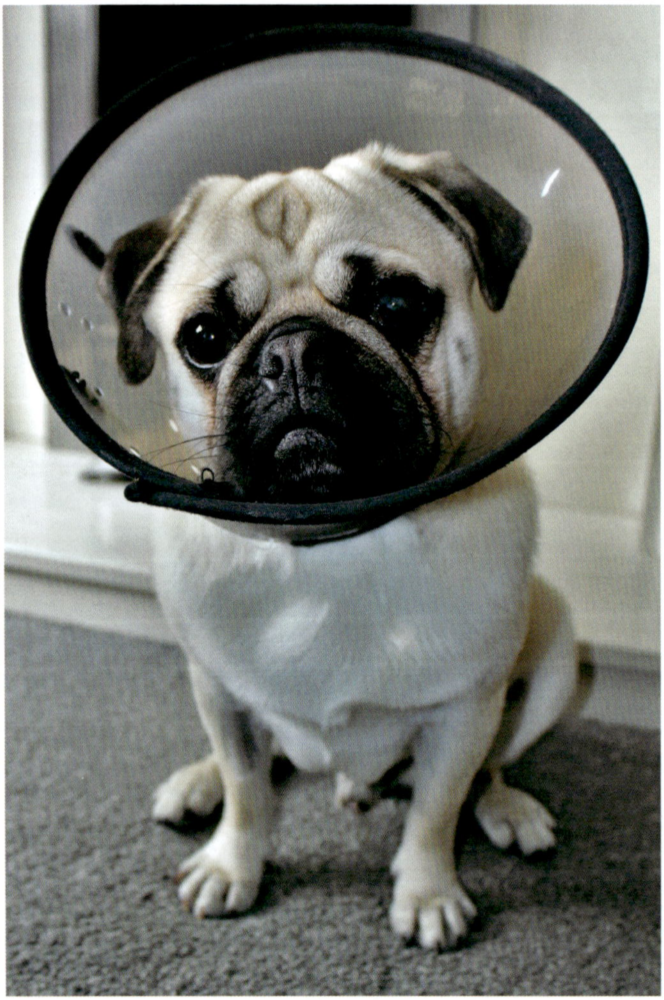

Scheinträchtigkeit

Meine Dackelhündin Berta ließ ich von der Tierärztin kastrieren, als sie 6 Jahre alt war. Ich wollte eigentlich nie, dass Berta ihre Weiblichkeit verliert, sondern hatte ursprünglich sogar gehofft, dass sie einmal in ihrem Leben Welpen bekommt. Doch auch nach langen Recherchen hatte ich nie einen von der Größe passenden Dackelrüden für Berta gefunden. Die Kleine ist sehr schmal gebaut, und auch zwei Tierärzte bestätigten mir, dass Berta bei der Geburt ihrer Welpen ggf. einen Kaiserschnitt haben müsste, weil ihr Becken doch sehr klein sei. Das machte mir Angst, denn es wäre tatsächlich eine Risikoträchtigkeit geworden. Und so achtete ich bei Bertas Läufigkeiten immer darauf, dass kein Rüde in ihrer Stehzeit zu nahe kam.

Doch irgendwann fiel mir auf, dass sie ein paar Wochen nach ihrer Läufigkeit ein komisches Verhalten an den Tag legte. Sie verkroch sich zunehmend in ihre Kuschelhöhlen, ihre Spiel-Stofftiere lagen nicht mehr in der Wohnung herum, sondern wurden mit in die Höhle genommen, Berta wollte selbst zum Fressen kaum rauskommen, und als ich sie hochnahm, bemerkte ich, dass ihr Bäuchlein ganz dick und sogar heiß war! Auf einmal tropfte Milch aus ihren Zitzen.

Weit und breit war während ihrer Läufigkeit kein Rüde in Sicht gewesen! Trächtig konnte sie also nicht sein. Der Anruf bei meiner Tierärztin bestätigte meine Diagnose: Scheinträchtigkeit!

Berta war insgesamt drei Mal scheinträchtig, und nach ihrem dritten Mal entschied ich mich dann nach Rücksprache mit der Tierarztpraxis dazu, meine kleine Dackelhündin kastrieren zu las-

Scheinträchtige Chihuahua Hündin

sen. Es ging nämlich so nicht mehr weiter. Berta war so unsicher und hilflos, ihr musste geholfen werden. Ihr Körper spielte verrückt, und ihre Psyche sowieso.

Eines Abends kam mein damaliger Freund und jetziger Ehemann nach Hause und wollte liebevoll Berta begrüßen. Sie aber kam aus ihrer Höhle geschossen, knurrte ihn an und biss sogar in seine Hand. Dann schaute Berta mich an und flüchtete wieder in ihre Höhle. Ich holte sie heraus und setze mich mit ihr aufs Sofa. Sie jaulte auf, denn ihr Bauch war voller Spannung und die Zitzen voller Milch. Sie tat mir unendlich leid, denn sie dachte wirklich, Welpen in der Höhle zu haben. Diese und wohl auch mich wollte sie verteidigen.

„Arme, liebe Berta“ dachte ich. „Ich werde dir helfen, die Natur spielt dir einen Streich, und ich, deine Besitzerin, werde das in Zukunft verhindern.“ Und so ebbte die Scheinträchtigkeit nach zweieinhalb Wochen wieder ab, und ich vereinbarte mit der Tierarztpraxis einen Termin für Bertas Kastration.

Was ist Scheinträchtigkeit?

- In der Fachsprache heißt das Phänomen Lactatio sine graviditate, Pseudogravidität oder Lactatio falsa
- Bei unkastrierten Hündinnen ist die Scheinträchtigkeit ein Zustand, der ein paar Wochen nach einer Läufigkeit auftreten kann

Belgischer Schäferhund wird zur Kastration vorbereitet

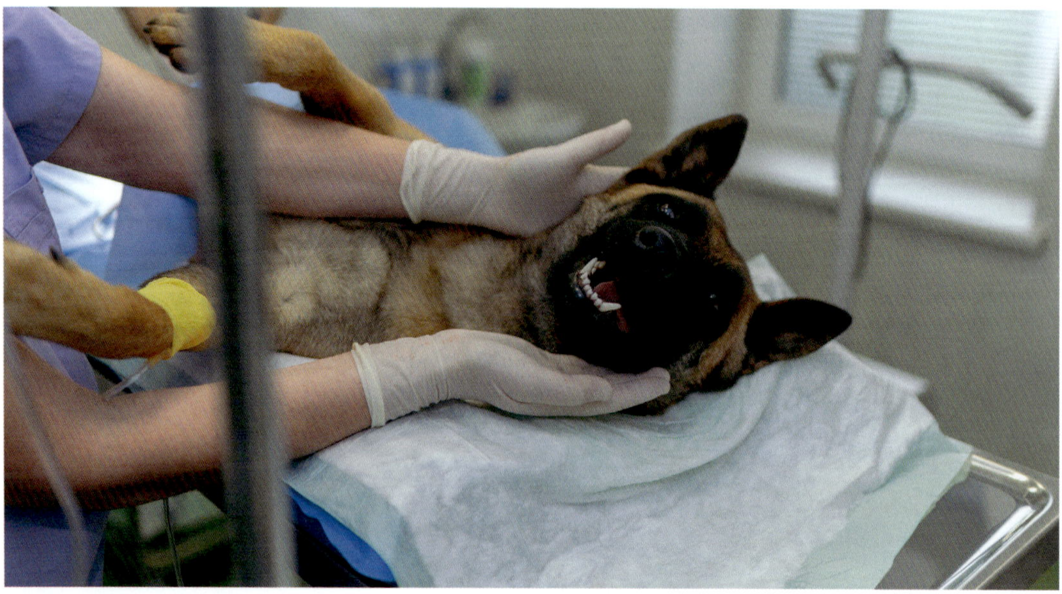

- Während dieser Zeit verhält sich die Hündin, als ob sie trächtig wäre oder Welpen hätte, obwohl sie nicht gedeckt wurde. Das machen auch alte unkastrierte Hündinnen!

Ursachen für eine Scheinträchtigkeit

Es geht um Hormone. Nach der Läufigkeit fällt bei einer ungedeckten Hündin der Progesteron-Spiegel ab. Dadurch kann es sein, dass die Hündin Muttergefühle bekommt und die Werte des Prolaktins ansteigen. Das Hormon Prolaktin regt die Milchdrüsen zur Bildung von Milch an. Allerdings: Nicht jede Hündin reagiert in dieser Weise. Es gibt unkastrierte Hündinnen, die nie scheinträchtig werden.

Symptome

- Beginn und Dauer: meist drei bis zwölf Wochen nach der Läufigkeit, die Scheinträchtigkeit kann mehrere Wochen andauern.
- Mögliche Anzeichen: Anhänglichkeit, Mangel an Energie, Ausbildung des Gesäuges, Milchproduktion, Nestbau, Verteidigung der „Welpen" (Stofftiere, Spielzeug), aggressives Verhalten gegenüber Besitzern, Appetitlosigkeit.

Therapie der Scheinträchtigkeit

Ablenkung und Unterstützung der scheinträchtigen Hündin sind besonders wichtig. Am besten die Spielsachen und die verschleppten Gegenstände wegräumen und häufiger mit der Hündin spazieren gehen und ihr vor allem auch geistige Beschäftigung anbieten, z. B. Futtersuchspiele. Ganz wichtig: Die Hündin sollte nicht an ihren Zitzen lecken, da dies ihre Milchproduktion anregt. Ebenfalls sollten die Besitzer auch nicht an den Zitzen drücken!
Bei starken Formen der Scheinträchtigkeit kann der Tierarzt mit Medikamenten weiterhelfen. Damit wird die Produktion von Prolaktin gehemmt, und die Symptome nehmen ab.

Ende einer Scheinträchtigkeit

Wenn eine Hündin ein- oder sogar zweimal stark scheinträchtig war, ist nach den folgenden Läufigkeiten leider mit einem ähnlichen Verlauf zu rechnen – so wie bei Berta! Nur eine Kastration kann dafür sorgen, dass es nicht wieder zu einer Scheinträchtigkeit kommt. Die Kastration aber auf keinen Fall während der Scheinträchtigkeit durchführen lassen, sondern nur in der hormonellen Ruhephase des Zyklus!

KAPITEL 3 – Wohnen & Beschäftigung

Altersgerechtes Wohnen

Meine Dackelhündin Berta ist ein kleiner Hund, sie wiegt 4 kg, ist Hundetaschen gewöhnt und wird durchaus gerne einmal getragen. Wir wohnen im 3. Stock, haben weder einen Aufzug noch einen Garten, dafür aber eine Terrasse. Ich habe bei Berta von klein auf darauf geachtet, dass sie nicht immer alle Treppen runter- und hochläuft. Gerade bei Dackeln mit ihrem verlängerten Rücken besteht sonst die Gefahr der Dackellähme. Diese Rasse hat auch so kurze Beine, dass es auf jeden Fall gerechtfertigt ist, sie immer wieder einmal auf dem Arm zu tragen. Mit „verwöhntem Schoßhund" hat dies nichts zu tun. Ich betone dies, denn leider gibt es immer wieder Menschen, die Besitzer kleiner Hunde in solchen Situationen komisch angehen.

Dackelhündin Berta schafft es nur noch mit Treppe auf die Terrasse

Als Berta 10 Jahre alt wurde, bemerkte ich wie gesagt, dass sie alterte. Jahre zuvor konnte ich sie vor Treppen gar nicht bremsen, sie wollte immer selbst hoch- und runterrennen. Doch dann fiel mir auf, dass sie irgendwann einmal sogar dankbar schien, als ich sie vor Treppen hochnahm. Die alte Lady hatte nicht mehr den Kick, losflitzen zu müssen, sie wurde genügsam.

Dann schaute ich mir auch unsere Wohnung an: Handelt es sich hier um eine altersgerechte Hunde-Wohnung? Ist Berta hier zufrieden? Was kann ich verbessern?

Bertas großer Vorteil ist, dass sie so klein ist und getragen werden kann. Doch wer einen großen Hund hat, z. B. Schäferhund, Dogge oder Labrador-Mischling, kann im Alter des Hundes Probleme bekommen – vor allem, wenn das Haus keinen Aufzug hat. Was ist, wenn der inkontinent werdende Rottweiler-Mix immer öfter raus muss? Wenn genau dieser Hund im 5. Stock Altbau wohnt? Wenn sich Arthrose anbahnt und der Hund mit dem Laufen Schwierigkeiten hat? Nein, dann kann er nicht schnell auf den Arm genommen werden und draußen auf dem erstbesten Grünstreifen sein Geschäft verrichten. Solche Hunde müssen frühzeitig vom Tierarzt perfekt medikamentös eingestellt werden, damit sie wirklich in Würde altern können.

Ich beschreibe diese Problematik, denn viele Menschen machen sich selbst bei der eigenen Wohnungssuche keine großen Gedanken, ob sie dort ggf. noch wohnen werden, wollen und können, wenn sie uralt sind. Und Hunde leben nicht so lange wie Menschen. Das heißt, wer sich mit einer 2,5-Zimmer-Wohnung im 4. Stock einen Dalmatiner-Mischlingswelpen anschafft, muss sich zum einen bewusst sein, dass diese Wohnung ggf. von Anfang an zu klein für solch einen Hund ist, zum anderen gehen 12 Jahre schnell vorüber: Und dann? Hat der alte Hund genügend Rückzugsmöglichkeiten? Besitzt die Wohnung vielleicht Parkettboden, der bei inkontinenten Hunden schnell aufweichen kann? Es gibt viele Dinge zu beachten.

Einige Hunde werden im Alter „unbequem“, sie passen dann nicht mehr ins Lebenskonzept, brauchen zu viel Zeitzuwendung und machen womöglich die Wohnung kaputt. Die Schlussfolgerung: Der Hund muss möglichst zügig „entsorgt“ werden. Es klingt vielleicht hart, doch leider ist es Realität. Ich habe schon einige Familien erlebt, die ziemlich schnell ihren alten Hund in die Tierarztpraxis zum Einschläfern gebracht haben, und das nur, weil sie keine Geduld mehr mit einem pflegebedürftigen alten Hund hatten.

Alte Hunde sollten stets weiche Liegeflächen zur Verfügung bekommen

Wohnungs-Check für alte Hunde: seniorengerechtes Wohnen

- Wohnung: Welcher Stock? Aufzug vorhanden? Garten?
- Bieten Sie verschiedene Liegeplätze an
- Weiche, gepolsterte und waschbare Liegemöglichkeiten sind wichtig: Gelenkschonend und hygienisch
- Bieten Sie Rückzugsmöglichkeiten an, damit der Hund bei Trubel und Besuch selbst entscheiden kann, wo er sich ablegen möchte
- Ist Ihre Waschmaschine auch für Hundedecken tauglich?
- Bodenverhältnisse: Kann der Hund ausrutschen? → Waschbare Teppiche hinlegen
- Holzboden? Marmorboden? Teppich→ Hunde-Urin ab- bzw. auswaschbar?
- Treppen im Hausflur / in der Wohnung? → Kleben Sie rutschfeste Stufenbeläge auf, bringen Sie bei dementen Hunden ggf. Trenngitter / Kindersicherung an wegen Sturzgefahr!
- Stromkabel, Lampenkabel? Ein dementer Hund kann hineinbeißen, sich darin verwickeln: Erstickungsgefahr!
- Stufen zu Terrasse / Balkon: Kaufen Sie eine Hundetreppe → Erleichterung für den Hund
- Bieten Sie nachts eine Lichtquelle an, damit Ihr Hund sich besser orientieren kann
- Platz für Fellpflege → auf rutschfestem Boden, Hund muss sich sicher fühlen
- Ziehen Sie Ihrem Hund auch in der Wohnung ein Geschirr mit Außen-Griff an → zum Festhalten und ggf. Hochhelfen, das gibt dem Vierbeiner Sicherheit
- Behalten Sie den Futterplatz bei, stellen Sie ggf. im Sommer an zwei bis drei Stellen Wassernäpfe auf
- Höhenverstellbare Futternäpfe sind ideal für gelenkkranke Hunde
- Versehen Sie den Futterplatz mit einem Untersetzer, denn ein alter Hund schlabbert intensiver

Für große Hunde kann es im Alter schwierig werden, beispielsweise Treppen zu steigen

Inkontinente Hunde

Nein, nicht jeder alte Hund wird inkontinent, keine Bange! Es gibt in der Inkontinenz auch große Unterschiede. Der eine Vierbeiner schleckt alles sofort weg, sodass es manch ein Besitzer gar nicht unbedingt bemerkt, wenn sein Liebling unter einer Blasenschwäche leidet. Der andere Hund verkriecht sich in die Ecke, wartet beschämt sehr lange und kann dann nicht mehr einhalten. Und es gibt auch alte „inkontinente Felle“, die es einfach laufen lassen, ohne mit der Wimper zu zucken.
Bei Berta z. B. fiel mir die Inkontinenz zum ersten Mal in einem Restaurant auf. Ich dachte zunächst, das kleine Kind neben uns habe sein Wasserglas unter dem Tisch ausgeleert. Doch das Glas stand noch gefüllt neben dem Spaghetti-Teller. Ich wischte mit einem Papiertaschentuch die Flüssigkeit neben Bertas Tasche weg und bemerkte, dass sich das Tuch gelb färbte. Erst konnte ich es gar nicht glauben.

Hunde bitte langsam an die Inkontinenz-Windel gewöhnen

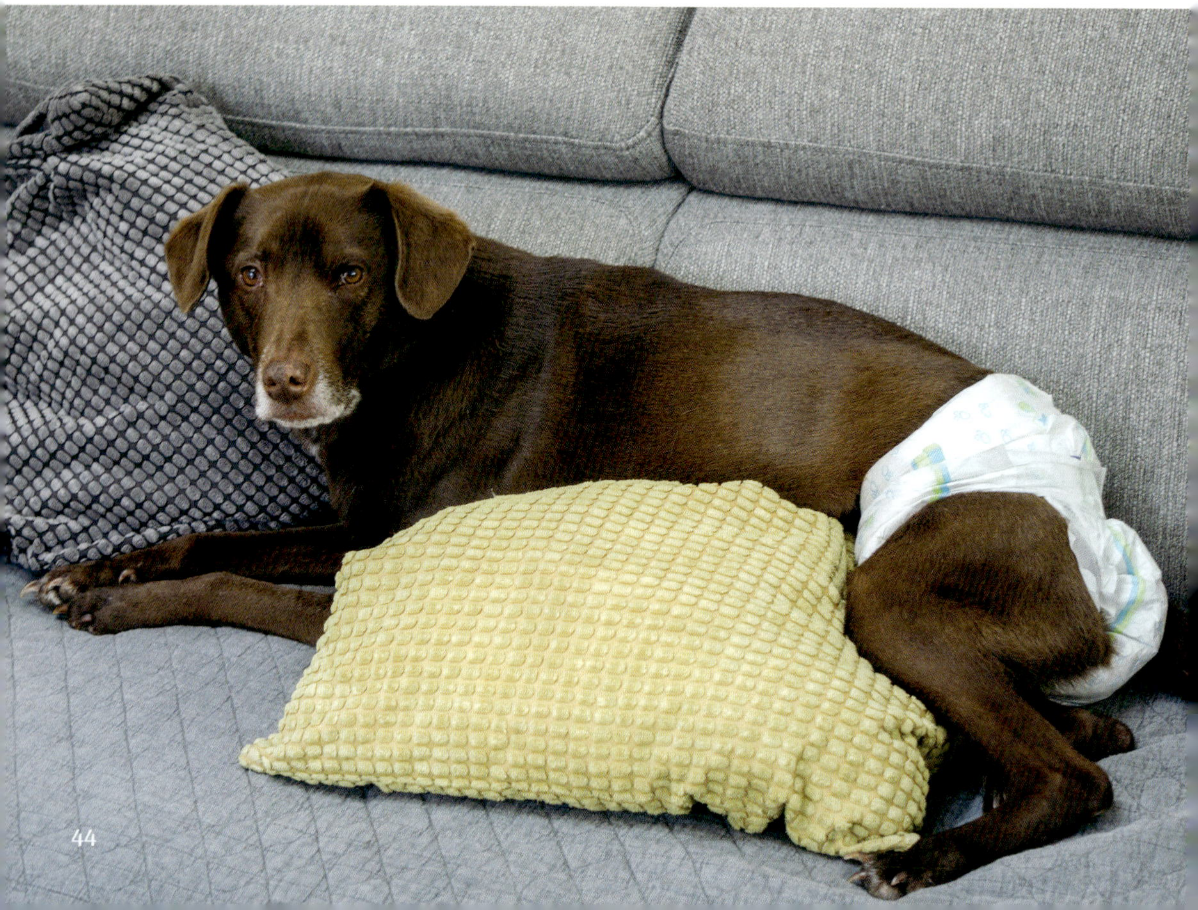

Der Teppich bleibt sauber, dank der Hundewindel

Aber ein paar Tage später wiederholte sich das Spiel. Berta wurde unruhig, als ich in der Mittagspause gerade genüsslich meinen Frühlingssalat aß. Unter dem Tisch kam Berta aus der Tasche und zog an der Leine. Wir waren doch gerade noch eine halbe Stunde spazieren, dachte ich. Und schon saß Berta breitbeinig neben meinen Füßen und ließ unter sich. Oh je, dachte ich, es war mir sehr unangenehm. Ich wischte wieder schnell alles weg und kontaktierte nachmittags meine Tierärztin. Sie sagte, dass sie auf jeden Fall nochmals Berta untersuchen möchte, damit eventuelle Krankheiten ausgeschlossen werden können.
Später stellte sich dann heraus, dass Berta eine altersbedingte Inkontinenz hat. Ja, und da wurde mir klar: Meine geliebte, kleine, flotte Dackeldame wird so langsam zu einer sehr hilfsbedürftigen „Hunde-Oma". Es ist tatsächlich mit Menschen vergleichbar. Im Alter entwickeln wir uns zurück zu Kleinkindern, gar Säuglingen. Wir werden kleiner, unsere Zähne wackeln und fallen aus, wir sind gebrechlich, können nicht mehr selbstständig laufen und brauchen eine Windel.

Tipps zum Umgang mit einem inkontinenten Hund

- Tierarztbesuch: Ursachenabklärung, ggf. Medikamentengabe
- Lassen Sie den Hund möglichst in Räumen, in denen der Boden abwischbar ist
- Beobachten Sie Ihren Hund: Wann zeigt er an, dass er rausmöchte?
- Erlauben Sie Ihrem Hund, sich auf Ihrem Grundstück zu lösen: Garten, Balkon
- Nächte können sehr unruhig werden: Gehen Sie mehrmals Gassi!
- Verwenden Sie waschbare Hundedecken und Hundeliegeplätze
- Breiten Sie wasserdichte Unterlagen auf den Liegeplätzen aus
- Waschmaschine wird ab jetzt häufiger gebraucht

Bei Berta befolgte ich erst einmal den Rat der Ärztin. Sie sagte, ich solle darauf achten, noch öfter mit Berta rauszugehen. Und ich solle ihr auf keinen Fall weniger zu trinken geben! Die Inkontinenz an sich hat nämlich nichts mit der zugeführten Flüssigkeitsmenge zu tun.

Doch es dauerte nicht lange, und dann kam auch noch Stuhlinkontinenz hinzu. Wenn Berta unruhig wurde, ging ich immer so schnell wie möglich mit ihr raus. Doch oftmals konnte ich situationsbedingt nicht sofort los. Ich habe einen Job und kann natürlich nicht jede Minute auf meinen Hund achten. Und so kaufte ich im Zoofachhandel irgendwann die erste Hundewindel für Berta in Größe XS und ein paar Inkontinenzunterlagen für ihre Liegeplätze. Die Preise schockierten mich ein wenig, denn in der Verpackung waren nur 10 Windeln und auch die Wegwerf-Unterlagen waren hochpreisig. Doch ich wollte es unbedingt ausprobieren.

Zurück in der Wohnung zog ich Berta die Windel an. Sie kannte solche Art von Kleidung, denn sie trug in ihrem Hundeleben auch schon Läufigkeitshöschen. Erst einmal war es für meine Hündin dennoch ungewohnt, sie stakste wie ein Storch durch die Wohnung, wollte sich die Windel aber nicht entfernen. Hunde müssen sich erst einmal daran gewöhnen, das ist ganz wichtig. Wir Menschen müssen Geduld haben!

Mit dem Pinkeln zögerte Berta. Und nach einer Stunde zeigte sie mir mit Kratzen an, dass sie rausmusste. Ich trug sie nach unten auf den Gehweg, ließ ihr aber die Windel an. Und dann löste sie sich glücklich. Sie bemerkte gar nicht, dass sie in die Windel machte. Von da an konnte sie gut damit umgehen. Ich allerdings merkte schnell, wie teuer diese Windel-Angelegenheit im Lauf der Zeit werden würde. Und so ging ich in den nächsten Drogeriemarkt und kaufte ganz normale Menschen-Babywindeln, passend für Bertas Gewicht: „3 bis 6 kg“, also „Größe 2“. Im Rückenbereich schnitt ich mit der Schere ein Loch hinein, sodass Bertas Rute perfekt durchpasste. Und voilà: Die Windel saß ideal! In Drogerie- und Supermärkten kaufe ich seitdem die Windeln ein, da sie dort viel preisgünstiger zu erhalten sind als im Hundefachgeschäft.

Für Rüden gilt etwas anderes, denn normale Windeln reichen nicht dorthin, wo sie eigentlich gebraucht werden. Aus diesem Grund sollten Besitzer alter, inkontinenter Rüden spezielle Rüdenwindeln kaufen. Diese gleichen einem Bauchgurt und werden exakt um das Glied des Hundes platziert, ohne es natürlich einzuklemmen. Das saugfähige Material befindet sich dann direkt am Harnröhrenausgang.
Also: Eine Windel ist eine Möglichkeit, die Wohnung vor dem „lästigen" Hunde-Urin zu schützen. Wenn ein Hund allerdings partout keine Windel tragen möchte, dann darf er dazu nicht gezwungen werden! Denn das verursacht zusätzlichen Stress beim Vierbeiner. Dann müssen die Liegeplätze mit Unterlagen ausgestattet werden, die schnell gereinigt werden können oder wegzuwerfen sind, sogenannte Einmal-Inkontinenzunterlagen. Wobei dies natürlich für die Umwelt nicht von Vorteil ist.
Wenn ein Garten vorhanden ist, sollten Sie als Hundebesitzer überlegen, ob der Hund auch dort hinpinkeln darf. Natürlich ist es bei den meisten „Hundefamilien" Usus, dass der Hund nur draußen auf den Gehwegen, im Park oder im Wald hinmachen darf, also nicht auf dem eigenen Grundstück. Aber mit einem alten Hund beginnt eine neue Lebensphase. Sie können oft nicht mehr lange einhalten. Und dann wären der nahegelegene Garten oder gar der Balkon eine Lösung.
Schimpfen Sie nicht mit Ihrem Hund! Er macht es nicht absichtlich! Inkontinenz ist oftmals „nur" eine Begleiterscheinung des natürlichen Alterungsprozesses.

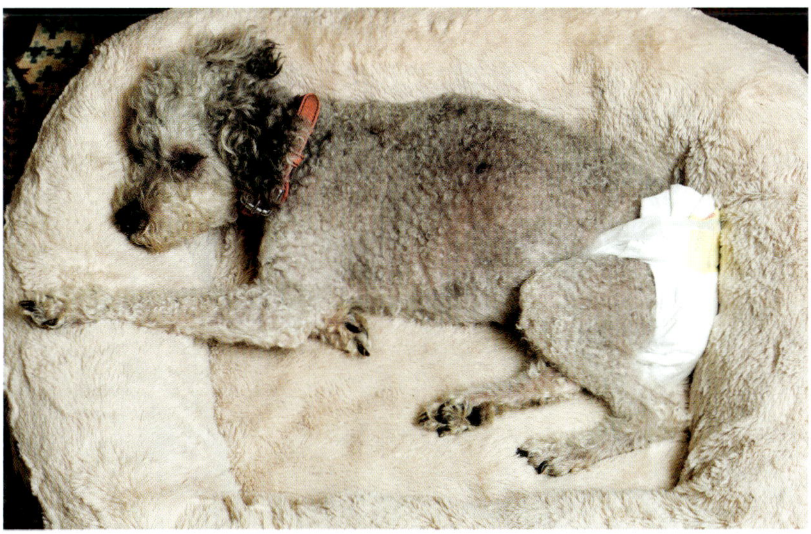

Entspannt einschlafen, trotz Windel. Dieser Pudel kennt die Windel schon länger.

Der Tagesablauf mit einem alten Hund

Im Laufe der letzten 3 Jahre habe ich bemerkt, wie viel ruhiger mein Leben geworden ist. Und das liegt wirklich am Älterwerden meiner Dackelhündin Berta. Früher habe ich immer darauf geachtet, noch eine Stunde früher aufzustehen als heute, denn ich musste eine große Runde mit Berta spazieren gehen.

Heute sieht es anders aus. Berta schaut mich morgens mit ihrem herrlichen Dackelblick nur müde lächelnd an, als ob sie mir sagen wollte: „Wie bitte? Ich soll jetzt 'ne halbe Stunde mit Dir die Straßen hoch- und runterlaufen und durch den Park flanieren? Nein, danke, lass mich lieber eine Runde länger träumen …“ Und dann richte ich mich natürlich danach.

Ganz entspannt und ohne Hektik gehe ich mit ihr mehrmals am Tag jeweils nur eine kleine Runde raus. Das ist wichtig, damit sie Muskeln beibehält und fit bleibt. Auf keinen Fall möchte ich Berta an der Leine hinter mir herzerren, nur weil „Hundebesitzer ja auf jeden Fall immer stundenlang mit ihren Lieblingen spazieren gehen sollen“. Das ist Quatsch, und das möchte ich gerne hier betonen: Hunde sind Rudeltiere, sie fühlen sich in ihrer „Gruppe“ am wohlsten. Das kann eine Familie sein, aber auch das einzelne Frauchen oder ein Ehepaar, bei dem der Hund zu Hause ist.

Fit und gesund im Alter:
Sprung ins Glück!

Frische Luft ist auch im Alter lebensnotwendig!

Selbstverständlich müssen Hunde raus ins Grüne, Luft schnuppern, an den Ecken „Zeitung lesen", Kontakte mit Artgenossen pflegen, Abenteuer erleben etc. Doch am wichtigsten ist, dass ein Hund immer auch die Basis spürt und Vertrauen haben kann. Als Basis verstehe ich den Besitzer, also den Menschen, der den Hund führt und quasi „besitzt".

Hier möchte ich auch die geistige Beschäftigung ansprechen. Hunde sollten generell nicht nur körperlich ausgepowert, sondern auch geistig gefordert werden! Das intensiviert die Mensch-Hund-Beziehung ungemein. Vor allem in der kühleren und nassen Jahreszeit gehen wir natürlich auch mit dem Hund raus, aber wir befinden uns bei strömendem Regen und klirrender Kälte doch länger in der Wohnung bzw. im Haus. Jetzt können Sie wunderbare Spiele mit dem Hund machen! Der Klassiker: Futtersuchspiele!

Tipp: Der Hund soll sich erst einmal gepflegt hinsetzen (Übung: „Sitz!"). Zeigen Sie ihm daraufhin die Leckerchen in der Hand und lassen Sie ihn daran schnuppern. Er muss auf jeden Fall sitzen bleiben. Danach werden die Futterbröckchen einzeln in der Wohnung versteckt. Und nun erfolgt das Kommando „such!"

Der Hund beginnt schwanzwedelnd durch die Wohnung zu flitzen und hat sofort Erfolg und Bestätigung, wenn er ein Futterstückchen erwischt,

Lesen können Hunde zwar nicht, aber es gibt für sie viele andere sinnvolle Beschäftigungen

denn das ist selbst erarbeitet! Hund und Mensch werden so zum eingespielten Team, und die „alten Kommandos" können damit nochmals vertieft werden.

Im Übrigen können auch Kinder solche Spielchen mit dem Hund durchführen. Und dafür muss es noch nicht einmal Herbst oder Winter sein. Im eigenen Garten stoßen solche Futtersuchspiele auf mindestens gleiche Begeisterung.

Der „lächelnde", treue Dackelblick meiner Hündin zieht sich übrigens seit 3 Jahren durch den ganzen Tag. Auch nachmittags und abends möchte sie nicht mehr stundenlang raus. Sie ist ruhiger geworden, die kleine Dame will lieber ausgiebig schnuppern, Päuschen einlegen, an der nächsten Ecke markieren. Schließlich schläft die Konkurrenz selbst unter Hunden nicht … Abends genießt Berta dann nach dem Fressen ihr Einroll-Ritual auf meinem Schoß. Entweder schaue ich noch eine Runde fern oder sitze am Computer. Und Berta ist dabei, das ist das Wichtigste!

Grau und alt und trotzdem happy: Hier macht der Besitzer alles richtig

Die beiden sind ein eingespieltes Team: Hunde und Kinder passen einfach ideal zusammen

Den Hund schätzen

Ein Hund ist ein treuer Begleiter, und das über viele Jahre hinweg. Wir lieben unseren Vierbeiner und kennen ihn in all seinen Facetten, genau jetzt in der Zeit des Älterwerdens.

Manchmal gibt es allerdings gewiss auch Momente, in denen wir an unserem Liebling verzweifeln könnten. Wenn er z. B. zum 100. Mal den Briefträger ankläfft, mal wieder die gefüllte Supermarkttüte auseinandernimmt, weil darin noch die Tüte vom Bäcker mit dem angebissenen Salami-Brötchen liegt, oder auch wenn er mit schlammbedeckten Pfoten in das gerade frisch geputzte Haus stürmt.

Ohne Worte: Die alten Hunde vertrauen ihren Besitzern, wenn sie liebevoll behandelt werden

Ja, so sind sie, unsere Hunde! Sie sind nun mal Lebewesen, für die wir uns bewusst (hoffentlich!) entschieden haben. Und im Grunde überwiegen die schönen Momente. Welch eine Wonne, wenn Berta völlig entspannt auf ihrem kleinen Hundesofa liegt und vor Zufriedenheit aus tiefstem Herzen einen Seufzer abgibt. Ich könnte ihr stundenlang dabei zugucken! Bertas Gelassenheit überträgt sich dann 1 : 1 auf mich.

Andere Momente, die ich ebenfalls immer sehr genieße, sind die Spaziergänge. Menschen, die keinen Hund haben, gehen meist nicht so oft raus. Doch wir Hundebesitzer müssen es, und das ist auch gut so! Europaweit war ich mit Berta schon spazieren. Ob nun die Gassi-Runden hier in meiner Heimatstadt oder die wahnsinnig schönen Ausflüge an Portugals Küsten,

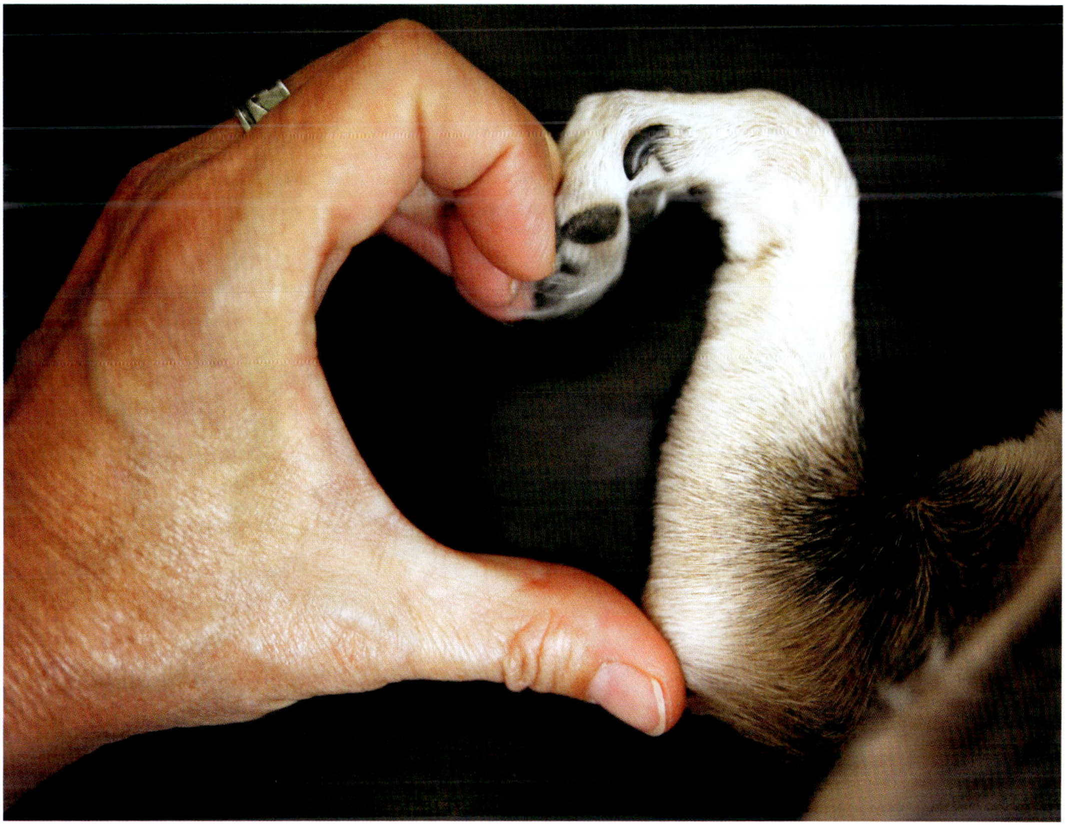

Das perfekte Hund-Mensch-Team mit viel Liebe!

die Bergtouren in Österreich, die Stranderlebnisse an der Nordsee – mit einem Hund so etwas zu erleben, ist doch gleich dreifach so schön, als wenn man alleine unterwegs ist.
Und nach einem erlebnisreichen Spaziergang irgendwo schön einkehren – Berta liebt es dann, erst einmal frisches Wasser zu trinken und sich danach direkt in ihrer tragbaren kleinen Kuscheltasche einzumummeln. Es sind Rituale, Berta weiß, dass sie an meiner Seite bleiben darf, dass wir gemeinsam die Zeit verbringen und sie nach einer Tour relaxen darf. So wie ich. Ich trinke dann einen leckeren Cappuccino oder ein alkoholfreies Weizenbier, entspanne mich am Tisch und lasse die Seele baumeln. Berta liegt unterm Tisch in ihrer Tasche.
Genau das schätze ich an meinem Hund: Wir können uns aufeinander verlassen, und dieses gute Gefühl ist im Laufe der Jahre noch intensiver geworden. Ich will jetzt nicht sagen, dass wir wie ein „altes Ehepaar" sind, aber wenn ich ehrlich bin, wirkt es gar ein bisschen so. Apropos altes

Hunde sind treue Begleiter, und das sollen sie auch bis zu ihrem Lebensende sein dürfen!

Ehepaar: Jetzt, wo Berta tattriger geworden ist, braucht sie noch mehr Unterstützung. Ja, wie ein Mensch, der von seinem alten Partner seelisch und körperlich unterstützt wird. Oder auch vergleichbar mit dem Fall, wenn ein Mensch seine alten Eltern unterstützt, wenn sie langsam pflegebedürftig werden.

Ich liebe meine alte, demente Dackeldame Berta, und so macht es mir nichts aus, täglich mehrmals ihre Windel zu wechseln. Es stört mich auch nicht, nachts mehrmals aufzuwachen, weil meine Berta über den Parkettboden wackelt. Und genau das ist wichtig, wenn sich jemand für einen betagten Vierbeiner entscheidet, ob es nun der eigene Hund ist, der allmählich alt wird, oder ob sich jemand einen alten Hund z. B. aus dem Tierheim anschafft. Wir Hundebesitzer müssen uns gerne um die alten Fellnasen kümmern, uns darf die Pflege nicht auf den Geist gehen! Wir müssen uns dessen bewusst sein, dass der Hund es ja nicht mit Absicht macht, unkontrolliert hinzupinkeln oder z. B. gegen eine Wand zu starren. Alt werden ist ein natürlicher Vorgang!

Darf der Hund mit ins Bett?

Darf oder soll der Hund mit ins Bett? Fragen, die mir immer wieder gestellt werden. Im Grunde genommen ist es die individuelle Entscheidung eines jeden Hundebesitzers. Es kommt natürlich darauf an, ob dieser einen menschlichen Partner hat und was dieser davon hält. Ich finde es aber in der Tat bedenklich, den Hund mit im Bett zu haben, wenn jemand sexuell aktiv ist. Ganz klar: Dann hat ein Hund nichts im Bett verloren!

Die „leichte" Variante ist, den Hund einfach nur in der Nähe schlafen zu lassen, am Fußende beispielsweise. Doch wie groß ist der Vierbeiner? Doggen z. B. nehmen viel Raum ein. Da kann ich nur sagen: Wem es gefällt und wer den hygienischen Aspekt nicht aus den Augen verliert, der soll es so halten.

Manche Hundebesitzer nehmen ihre Tiere von klein an mit ins Bett, der Vierbeiner hat dann das Privileg, gemeinsam mit dem Rudelführer die Nacht zu verbringen, also auf der gleichen Ebene. Wenn diese Herrchen

Ob der Hund mit ins Bett darf, ist eine sehr persönliche Entscheidung

Vertrauen und Liebe: Dieses Bild spricht Bände

und Frauchen keine Probleme mit ihrem Liebling im Tagesablauf haben, wie z. B. Dominanzverhalten, kann der Hund weiterhin der Bettpartner bleiben.

So, und jetzt wollen Sie bestimmt wissen, wie ich es mit meiner Berta handhabe, nicht wahr? Berta ist ein kleiner Hund, ein Kaninchenteckel, der gerade mal 4 kg wiegt. Als ich Berta im Welpenalter bekam, hatte ich keinen (menschlichen) Freund als Partner. Es war September 2001, kurz nach dem Einsturz des World Trade Centers. Die Welt stand still, keiner wusste, ob nun eine komplette Erdbedrohung folgen würde.

Genau zu dieser Zeit trat Berta in mein Leben. Sie war klein, kam vom Züchter und hatte eine liebevolle Hundemama sowie vier Geschwister. Nun war sie bei mir, in einem ganz neuen Zuhause. Ich wollte ihr das schönste Reich auf Erden präsentieren, damit sie nicht solch einen großen Abnabelungsschmerz erleiden musste. So kam ich dazu, das Hundebaby auch in mein Bett zu nehmen. Es war für uns beide passend.

Tagsüber, wenn ich mal zu Hause war und z. B. sonntagnachmittags ein Schläfchen hielt, lag sie aber in ihrer Hundekörbchen-Höhle.
Ich wollte auf jeden Fall, dass sie „betttechnisch“ nicht so sehr an mir hängt und durchaus auch alleine die Zeit verbringen kann. Das klappte wunderbar.
Dackel lieben es, irgendwo reinkriechen zu können und dort zu schlafen. Bis heute macht das Berta noch. Ja, und später hatte ich dann einen festen Partner und war froh, dass Berta uns keinen Stress machte, auch jetzt noch ins Bett hüpfen zu wollen.
Das Sofa teile ich mit Berta immer wieder mal. Manchmal ist der alten Dackelhündin das Kuscheln auch zu viel, dann verabschiedet sie sich auf ihren Platz. Wenn ich ehrlich bin, ist es mir manchmal auch angenehm, wenn Berta selbst irgendwo in der Wohnung relaxt. Denn alte Hunde fangen an, anders als früher zu riechen. Bei Berta kommt natürlich hinzu, dass sie Windeln trägt. Aber auch Körper- und Maulgeruch haben sich eher zum Negativen entwickelt. Dieser Entwicklung müssen sich Herrchen und Frauchen bewusst sein.
Ich erlebe in der letzten Zeit immer wieder, dass mich Freunde ansprechen und sagen, dass Berta hechelt und so „stinkt“. Ja, Bertas Zähne sind nicht mehr die neuesten und ihre Verdauung wird gewiss auch zu schnuppern sein. Aber auch dies ist ganz normal. Trotzdem verbringe ich gerne Zeit mit meiner uralten Dackeldame, und ich stehe zu ihr. Gemeinsam mit dem Hund Zeit zu verbringen, ist herrlich! Und die Wertschätzung wächst im Alter. Ja, die Wertschätzung, und die bezieht sich auch auf den alten Hundekörper.
Wenn nun z. B. ein Rottweiler-Rüde von jeher im Bett schlafen durfte, aber mit 10 Jahren so langsam Arthrose bekommt und nicht mehr so fit ist, was dann? Dann kann er in der Tat nicht mehr geschmeidig aufs Bett hüpfen. Fatal wäre auch, wenn er bei Beginn einer Demenz aus dem Bett fallen könnte, weil er nachts verwirrt aufwacht und nicht weiß, wo genau er sich befindet. Hinzu kommt ggf. auch eine Inkontinenz. Dann sollte dieser alte Hund nicht mehr im Bett schlafen!
Mein Tipp: Bieten Sie dem Hund im Schlafzimmer eine wasserdichte Gummimatte und waschbare Liegedecken an. Es ist verständlich, dass der Rüde weiterhin bei seinem Besitzer sein möchte, aber das Menschenbett wäre jetzt zu beschwerlich für ihn. Somit kann er auf dem Boden auf einer gemütlichen Decke trotzdem ganz in der Nähe seines Rudels sein.

Beschäftigung für alte Hunde

Im Alter nehmen Sinnesleistungen und Konzentrationsspanne ab, ob beim Menschen oder beim Hund. Wenn Hunde alt werden, sind sie auch nicht mehr so aktiv. Junge oder junge erwachsene Hunde wollen immer stundenlang bespaßt werden, sie tragen eine enorme Power in sich. Doch im Lauf der Zeit ebbt dieser Drang ab. Somit reichen für viele alte Hunde kleine und kurzweilige Beschäftigungszeiten aus, wie z. B. mit Futtersuchspielen. Auf jeden Fall sollten Sie diese Beschäftigungen immer an das Befinden des Hundes anpassen.

Beispiele:
Wenn ein Hund an Arthrose in Gelenken der Vorderbeine leidet, sollte er keine Leckerchen auf dem Boden versteckt bekommen. Denn sonst muss er den Kopf nach vorne und unten beugen, wodurch sich sein Gewicht auf seine Vorderbeine verlagert.
→ Besser die Leckerchen auf Kopfhöhe des Hunde-Seniors verstecken, wie z. B. bei einem Spaziergang auf Baumstümpfen oder zu Hause auf Bänken, Stühlen etc. Die Gelenke der Vorderbeine werden dabei geschont.

Wenn ein Hund Schmerzen im unteren Rückenbereich hat, verweigert er automatisch den Befehl „sitz!“ und kann nicht mehr so gut bergauf laufen.

Wo das Leckerchen wohl stecken mag?

→ Alte Hunde sollten natürlich weiterhin auf Kommandos hören, aber in solch einem Fall bitte dem Hund nicht ständig „sitz!" befehlen. Er kann auch stehen und sich dann z. B. auf die Suche nach Leckerchen machen.

Beschäftigung für Hunde-Rentner ist kinderleicht

Beim Spaziergang auch auf unterschiedliche Untergründe achten: Gras, Laub, Schotter ... Nicht nur auf dem harten Asphalt laufen.
→ Solche Hunderunden lockern Muskulatur und Gelenke des Seniors und verbessern seine Koordination.

Fazit: Auch oder gerade wenn der Hund alt ist, empfehle ich neben der körperlichen Bewegung auch „Geistesblitze" mit anschließendem Belohnungshappen. Ich weiß, viele Frauchen und Herrchen haben wenig Zeit und gehen am liebsten nur schnell Gassi mit ihrem Vierbeiner. Den meisten fallen auch keine Suchspiele für ihre Hunde ein.
Aber wer hier dieses Buch liest, ist ja schon mal auf dem richtigen Weg. Denn genau hier gibt es viele Tipps, Ideen und Anregungen, wie Hunde, und vor allem alte Hunde geliebt, behandelt und beschäftigt werden können. Lassen Sie sich einfach inspirieren und probieren Sie ein paar Vorschläge aus. Es muss nicht jeden Tag sein, aber fangen Sie einfach einmal pro Woche an: Dann konzentrieren Sie sich 15 Minuten lang nur auf den Hund und bieten ihm eine leckere Suchspielvariante.

Yummi! Hier wird das Leckerchen mit der Zunge gesucht

Im Fachhandel gibt es verschiedene Möglichkeiten zu kaufen, aber jeder kann zu Hause auch wirklich schnell etwas selbst zaubern. Das bedarf noch nicht einmal großer Kreativität. Mit Haushaltsgegenständen ist es ziemlich einfach. Und Leckerchen wie z. B. Trockenfutterstückchen, Hundekekse, Putenwurststückchen oder Käsewürfel hat jeder zu Hause. Oder?

Vorschläge Suchspiele

Das Hütchenspiel

Benötigt wird Folgendes:
3 (oder mehr) Joghurt- oder Plastikbecher; Futterstückchen

Nein, keine Angst, bei diesem Spielchen werden Sie als Herrchen oder Frauchen nicht zum Trickbetrüger. Es ähnelt zwar dem klassischen, bekannten Geschicklichkeitsspiel, das auf Straßen von gewissen Banden vorgeführt wird, um auf kriminelle Art zu Geld zu kommen. Doch hier bei unserer Version stehen vor allem die Riechfähigkeit und das Mitdenken des Hundes im Vordergrund.
Sie können einfach 3 Joghurtbecher nehmen. Wenn Sie einen großen Hund haben, verwenden Sie Becher in 500-ml-Größe, und wenn Ihr Hund

Berta wird beim Hütchenspiel fündig

eher zur Gruppe der Dackel-, Yorkshire-Terrier- oder Zwergpudel-Größe gehört, dann reichen jeweils die 200-ml-Becher.

Nachdem Sie nun den leckeren Bio-Naturjoghurt gegessen haben (Sie merken, ich möchte auch bei Ihnen die gesunde Ernährung anregen – oder vielleicht hat auch Ihr Hund den Inhalt der Becher verschlungen?), waschen Sie alle Becher mit warmem Leitungswasser aus, trocknen Sie sie ab und stellen Sie alle drei Becher nebeneinander auf den Boden. Ihr Hund möge sich davorsetzen, in der Hoffnung, dass er auch das Kommando „sitz!" befolgen kann.

Dann nehmen Sie ein Stückchen Leckerchen in die Hand und zeigen es Ihrem Hund. Er darf nicht aufstehen und zu Ihnen stürmen. Wenn er das Futterbröckchen mit den Augen aus der Ferne schlecht sieht, können Sie ihn auch daran schnuppern lassen.

Danach legen Sie das Stückchen unter einen Becher und verschieben die Becher. Ihr Hund wird erst einmal verwundert gucken. Dann geben Sie ihm das Kommando „such!".

Es gibt Hunde, die sofort losstürmen und alle Becher umwerfen. Doch im Lauf der Zeit lernen sie, langsamer vorzugehen und mit der Schnauze auf den Becher zu tippen, unter dem das Leckerchen liegt. Dann erst bekommt Ihr Liebling die Belohnung. Aber wirklich erst dann!

Das Frottee-Versteckspiel

Benötigt wird Folgendes: 1 Handtuch; Futterstückchen

Auch bei dem Frottee-Versteckspiel werden die Hirnzellen des Hundes angeregt, zudem ist es toll geeignet, um die Bindung zwischen Ihnen und Ihrem Hund zu festigen. Sie brauchen hierfür einfach nur ein Handtuch und Leckerchen. Auch hier gilt: großer Hund, großes Handtuch, kleiner Hund, kleines Handtuch.

Sie breiten das Handtuch auf dem Boden aus und legen ein Futterbröckchen auf seinen Rand. Dann fangen Sie an, das Handtuch einzurollen. Bei jeder kleinen Drehung legen Sie ein Leckerchen auf das Handtuch, sodass am Ende 6 bis 7 Futterstückchen in der Rolle versteckt sind.

Dann holen Sie Ihren Hund und sagen „such!" Manch ein Hund hört auf „lauf!" oder andere Befehle. Nehmen Sie einfach das Wort, das Ihr Vierbeiner kennt. Ihr Liebling wird anfangen zu schnuppern, mit der Schnauze gegen das Handtuch stupsen, die Pfoten als Hilfe nehmen usw. Am Ende ist das Handtuch wieder ausgerollt, und Ihr Hund wird mit treuen Blicken bei Ihnen die nächste Leckerchen-Rolle einfordern.

Ein Handtuch und Leckerchen sind alles, was es für dieses Spiel braucht

Die Papier-Wühlkiste

Benötigt wird Folgendes:
Karton; Toilettenpapierrollen; Küchenpapierrollen; zerknülltes Zeitungspapier; leere Eierkartons; Futterstückchen

Manch ein Hundebesitzer sagt, dass er doch keinen Müll zu Hause aufbewahren möchte. Doch hey, hier geht es nicht um schmutzige Plastiktüten oder Essensreste, nein, im Gegenteil. Es dreht sich nur um Papier und Karton. Am besten ist es erst mal, den letzten Karton, den man geschickt bekommen hat, aufzubewahren. Natürlich gilt wieder: großer Hund, großer Karton, kleiner Hund, kleiner Karton.
Bitte auch Folgendes sammeln: leere Küchenrollen, Eierkartons, Toilettenpapierrollen, gelesene Zeitungen etc. Wer fleißig gesammelt hat, kann nun den Karton auf den Boden stellen und mit Papierrollen und Eierkartons füllen. Zeitungspapier zerknüllen und auch dazugeben. In diesen Zeitungs-Karton-Wühlhaufen dann einfach ein paar Futterbrocken werfen bzw. sie darin verstecken. Sie können auch ab und an in eine Toilettenpapierrolle ein Extra-Leckerchen legen und dann die Enden zufalten. Geben Sie nun Ihrem Hund den Befehl „warte!“ oder „sitz!“ Jetzt erfolgt der Befehl „such!“ Ihr Hund wird voller Schwung in das „Papierbad“ stürzen. Das Schöne: Er kann sich dabei nicht verletzen. Und falls Ihr Liebling doch mal ein Stück Pappe mitverschlingt, ist es auch nicht schlimm.

Die Stoff-Apportiertasche

Benötigt wird Folgendes: ausgedientes Mäppchen oder kleine, alte Stofftasche; ggf. Hundeleine; Futterstückchen

In der Stofftasche werden Leckerchen verstaut

Auch wenn Ihr alter Hund bisher kein Apportier-Junkie war, kann er noch im Alter Freude daran finden. Sie brauchen nur ein altes Mäppchen, eine Stofftasche oder gar ein altes Brillenetui. Zeigen Sie Ihrem Vierbeiner, dass Sie es mit Trockenfutter, Käsestückchen oder anderen Leckerchen füllen. Lassen Sie ihn daran auf jeden Fall schnuppern.

Nun geht es um folgende Reihenfolge: Sie werfen, Hund will hinterher, Hund findet Tasche, Hund nimmt sie ins Maul, sucht den Blick zu Ihnen, und er bringt sie zurück. Das wäre ein Idealzustand.

Doch geben Sie nicht zu schnell auf. Denn mach ein Hund springt hinterher und will sofort das Mäppchen/die Tasche mit seinen Zähnen aufreißen. Und wenn das nicht klappt, kommen die Pfoten und Krallen zum Einsatz.

Aus diesem Grund fangen Sie bitte langsam an. Werfen Sie vor allem den Beutel bzw. die Tasche nicht zu weit, sondern erst einmal ein, zwei Meter vor Ihre Füße. Bei Bedarf können Sie den Hund auch an eine lange Leine nehmen. Sobald er die mit Leckerchen gefüllte Tasche im Maul hat, können Sie die Leine ein wenig anziehen und ihm gleichzeitig den Befehl geben „bring!“ oder „komm!“ oder „hierher!“ Animieren Sie Ihren Hund auch immer wieder mit freundlicher Stimme. Ja, und irgendwann hat er es verstanden. Er wird sich freuen, wenn er dann endlich die Belohnung erhält, wenn Sie ihm die Futtertasche abnehmen und öffnen. Der Hund darf dann direkt daraus fressen!

Hund und Frauchen im Glück

Und hier nochmals zusammengefasst alle Tipps für einen „hundesenioren-gerechten" Tagesablauf:

- Kurze Spaziergänge, ohne Hektik über den Tag verteilt
- Gönnen Sie Ihrem Hund viele Ruhephasen
- Wenn Besuch kommt, muss Ihr Hund sich zurückziehen können
- Reichen Sie kleine Portionen Futter, über den Tag verteilt
- Beschäftigen Sie Ihren Hund körperlich und geistig → Futtersuchspiele (Achtung: die Leckerchen von der täglichen Futterration abziehen, vor allem bei übergewichtigen Senioren)
- Geben Sie Ihrem Hund ruhig noch Kommandos. Hunde sind auch im Alter lernfähig!
- Streicheln Sie Ihren Hund, kuscheln Sie mit ihm, zeigen Sie ihm, wie wichtig er Ihnen ist
- Wenn der Hund alleine bleiben soll: Verabschieden Sie sich von ihm, um ihm Sicherheit und Vertrauen zu geben
- Ein geregelter Tagesablauf mit Ritualen bietet einem alten Hund zusätzlich Sicherheit

Körperpflege im Alter

Ich betone immer wieder, dass die Besitzer den Alltag mit ihren „alten Fellen" unbedingt ruhiger angehen sollen. Keine Hektik, die Gegenwart genießen und einfach mal einen Gang runterfahren. Sich also genau so verhalten, wie es die Hunde-Rentner selbst handhaben.

Doch in puncto Körperpflege sollten wir die alten Vierbeiner nicht ganz in Ruhe lassen, im Gegenteil. Im Vergleich zu einem jungen Hund braucht ein alter sogar noch mehr Körperpflege. Der Körper ist nicht mehr der fitteste, und deswegen benötigt er ein bisschen Unterstützung. Schließlich leben die alten Hunde weiterhin bei uns zu Hause, und wir sind für sie verantwortlich.

Meine Dackeldame Berta z. B. lässt sich unheimlich gerne die Ohren kraulen, heute mehr als die Jahre zuvor. Und wenn ich sie sanft mit einer weichen Bürste kämme, erlebt sie das als sanfte Massage. Ab und an kraule ich auch ihre

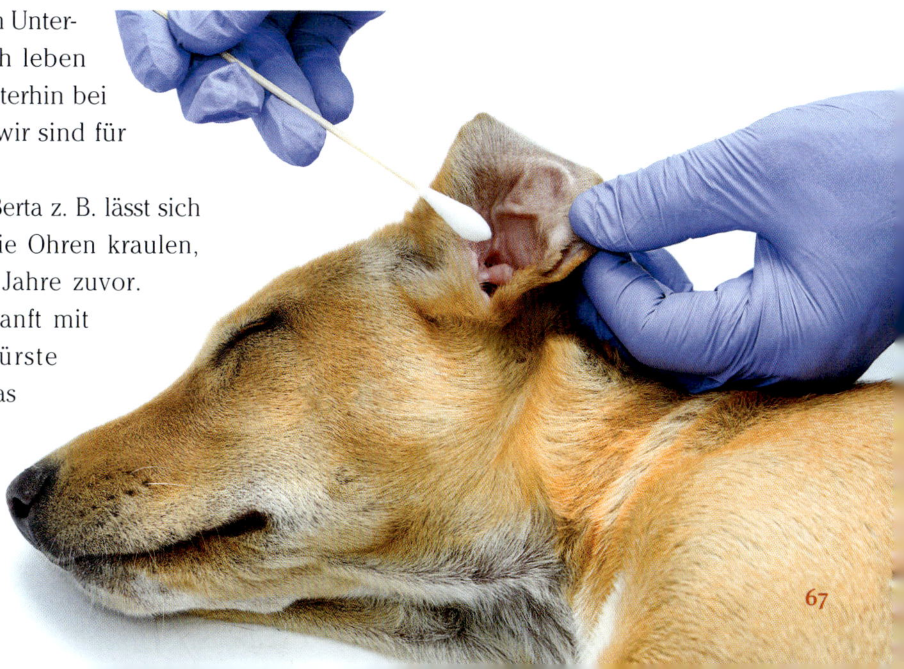

Im Ohr kann sich im Laufe der Jahre viel ansammeln

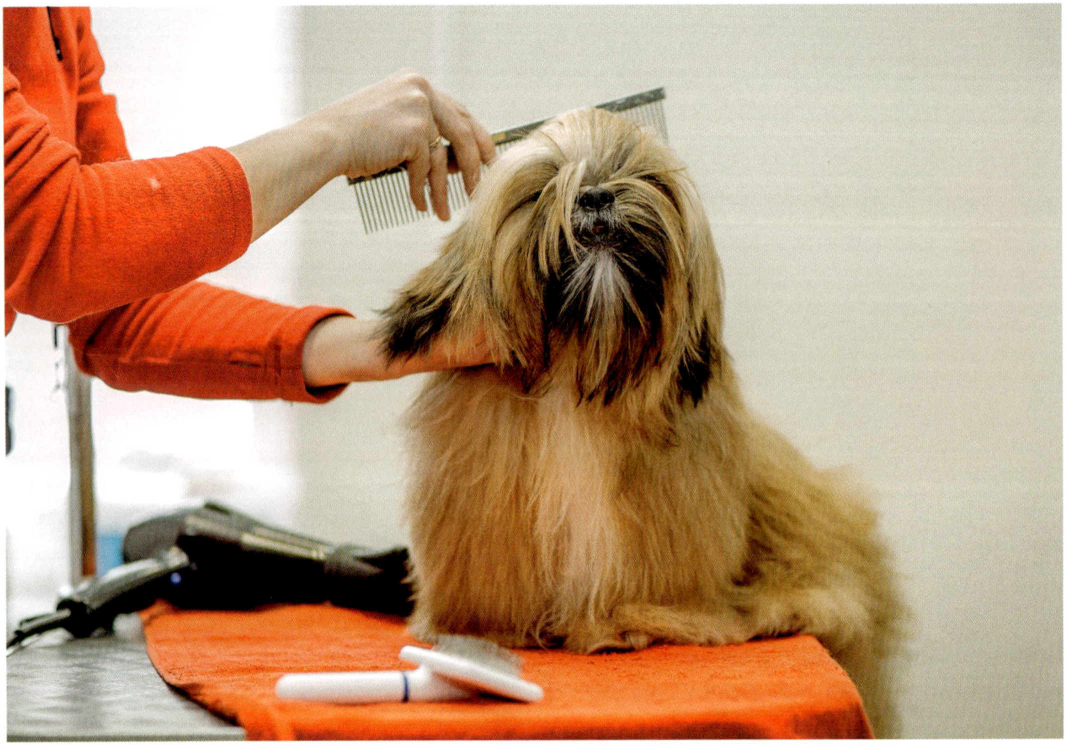

Körperpflege ist auch bei alten Hunden zu empfehlen

Schnauze, sodass die Futterreste ein klein wenig aus ihren alten Zähnen herauskommen. Sie leckt dann und schluckt sie runter.
Hundebesitzer können auch gerne ihren Haustierarzt fragen, welche Körperpflege für den Hund am geeignetsten ist. Aber ich denke, jeder weiß selbst, was sein Hunde-Rentner am liebsten hat.

Körperpflege für betagte Hunde im Detail:

Fell

Der Stoffwechsel wird langsamer. Die Haut des Hundes wird dadurch trockener und empfindlicher. Kämmen und bürsten Sie Ihren Liebling regelmäßig, das massiert die Haut.

Ohren

Sind die Ohren sauber oder gar verkrustet? Riechen sie? Kontrollieren Sie die Ohren regelmäßig! Mit Feuchttüchern können die Ohren schonend gereinigt werden. Bitte keine Ohrstäbchen verwenden. Wenn der Senior aufjault und Schmerzen zeigt, bitte die Tierarztpraxis aufsuchen.

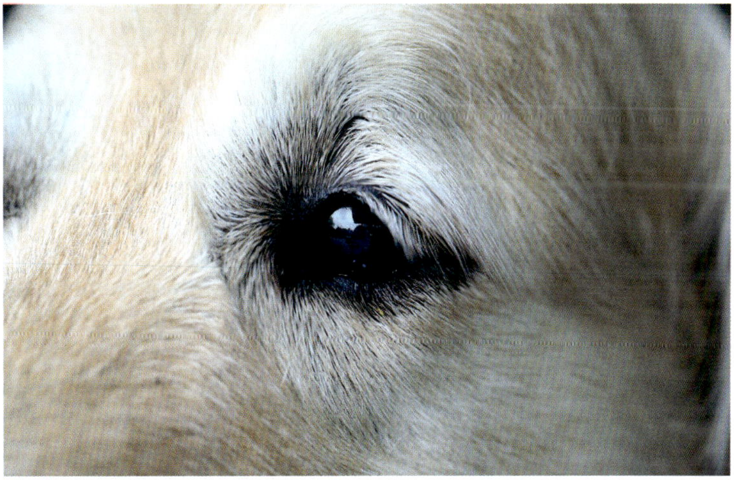

Die Augen können mit Feuchttüchern gereinigt werden

Gebiss

Checken Sie immer, ob alle Zähne noch fest sitzen und keine Entzündungen auftreten. Zahnstein sollte ebenfalls kontrolliert werden.

Pfoten und Krallen

Die Ballen werden im Alter trocken und rissiger. Mit Vaseline können sie ein- bis zweimal im Monat vorsichtig massiert werden.

Wenn Hunde nicht mehr so viel auf Asphalt laufen, wachsen ihre Krallen. Kürzen Sie diese bei Bedarf. Selbstverständlich kann das auch der Tierarzt für Sie übernehmen, wenn Sie es sich nicht zutrauen.

Augen

Die Augen alter Hunde tränen oft. Der Ausfluss trocknet und wird hart. Wischen Sie den betroffenen Bereich regelmäßig mit Feuchttüchern.

Lange Fellhaare können im Augenbereich die Sicht versperren. Schneiden Sie diese vorsichtig mit einer Schere ab.

Wenn Hunde die Körperpflege gewohnt sind, können sie auch entspannen

Analbereich

Hunde im Alter achten nicht mehr selbst auf Körperpflege. Bei Bedarf den hinteren Bereich des Tieres mit Feuchttüchern abwischen.

KAPITEL 4 – Unterwegs

Der Spaziergang

Im vorherigen Kapitel habe ich beim Thema „Tagesablauf“ beschrieben, dass ich mit meiner Dackelhündin keine langen, großen Spaziergänge mehr mache, sondern nur noch kurze Gassi-Touren anstrebe, über den Tag verteilt. Gerade bei alten Hunden muss die Länge der Spaziergänge dem Zustand des Hundes und seiner Mobilität angepasst werden. Auch das Lauftempo ist entscheidend, bitte überfordern Sie Ihren Liebling nicht. Die meisten Hunde, die in die Jahre gekommen sind, wollen lieber an jeder Ecke schnüffeln als Kilometer zurücklegen.

Wer es zeitlich einrichten kann, sollte auch Pausen einplanen und sich gerne einmal auf eine Bank setzen. Warum auch nicht mal 20 Minuten auf einer Wiese verweilen? Die Gegenwart genießen, die Blumen bestaunen, die Luft tief einatmen. Es ist herrlich, den Hund dabei zu beobachten. Er hält inne, hebt seine Schnauze, schnuppert, läuft ein paar Schritte weiter, markiert und setzt sich zwischendurch hin. Manch einer sagt, sein Hund sei ungehorsam, er weigere sich, zu laufen. Aber nein, das ist kein Ungehorsam, eher Altersstarrsinn. Ja, Hunde-Rentner sind genügsame Kandidaten, die im Hier und Jetzt leben!

Auch alte Hunde möchten regelmäßig Gassi gehen

Hunde-Rentner benötigen viel Aufmerksamkeit

Gefahren beim Spaziergang

Ein alter Hund läuft entspannt und schnuppernd neben seinem Besitzer. Es besteht keine Eile, die Sonne lacht, alle sind happy.

Das liest sich natürlich wunderschön, doch oftmals läuft ein Spaziergang leider nicht so ab. Gerade während des Gassigehens lauern einige Gefahren, denn die Reaktionsfähigkeit des alternden Hundehirns ist verzögert. Genau dessen sind sich viele Hundehalter nicht bewusst – vor allem diejenigen Frauchen und Herrchen, die bisher ihre Hunde immer frei laufen ließen.

Auch ich musste erst einmal damit klarkommen! Berta nahm ich immer nur an stark befahrenen Straßen an die Leine. Ansonsten trabte sie auf Gehwegen vor und hinter mir, schnupperte und suchte immer meine Nähe. Eines Tages dann aber bog sie plötzlich Richtung Straße ab. Ich rief laut ihren Namen, doch sie hörte nicht. Ich rannte los und packte sie voller Angst am Hundegeschirr. Was war in sie gefahren? Ich schimpfte mit ihr. Doch eine Woche später machte sie es erneut, an einer anderen Straßenkreuzung.

Kontakte zu anderen Hunden sollten immer genau überwacht werden

Da wurde mir klar: Berta ist wohl verwirrt. Sie kann sich nicht mehr so gut orientieren. Der Verlust der Seh- und Hörkraft macht alte Hunde unsicher, und dann darf auf keinen Fall mit ihnen geschimpft werden! Ich bekam ein ganz schlechtes Gewissen.
Wir Besitzer müssen darauf achten, unserem Senior Sicherheit zu geben, wir sollten vorausschauend agieren.
Meine Schlussfolgerung: den Hund nur noch auf offenen Flächen, die zu überblicken sind, frei laufen lassen, ansonsten bitte vermehrt an die Leine nehmen. Und das ist etwas Positives! Manch einer denkt heute immer noch, eine Hundeleine sei etwas Negatives, dem Tier werde damit die Freiheit genommen. Das ist aber falsch. Eine Leine ist das Verbindungsstück zwischen Hund und Halter, und sie soll ein „gutes", positiv besetztes Verbindungsstück sein.
Wer also seinen betagten Hund nun z. B. auf einer öffentlichen Hundeauslaufwiese frei laufen lassen möchte, überlässt sein altes Tier leider seinem Schicksal. Denn hier fehlt das positive Verbindungsstück, also die Sicherheit, die der Besitzer seinem Hund mit der Leine geben kann. Auf

Junge, stürmische Hunde können für Hunde-Rentner gefährlich werden

der Wiese tummeln sich oft respektlose, ungestüme Hunde-Junioren, die einfach nur losrennen und Fun haben wollen. Ob da nun ein 15jähriger Pudel gerade sein Beinchen hebt und gelassen die Pinkelei des Vorgängers abchecken möchte, ist den stürmischen Halbstarken völlig egal. Sie können durch ihr Gerenne den Hunde-Senior schwer verletzen und ggf. auch missverstehen. Selbst ganz junge Welpen kommen angeflitzt und belagern einen alten Hund, sie können zu richtigen Nervensägen werden, ihn in die Lefzen beißen, in die Beine tackern etc. Deswegen: den alten Hund bitte immer schützen! Vor allem vor Begegnungen mit anderen Hunden.
Die gleiche Vorsicht ist geboten, wenn ein Hund von jeher z. B. ein „Balljunkie" war. Im Alter möchte er weiter seiner Lieblingskugel hinterherflitzen. Doch wenn Arthrose einsetzt, dann ist es gefährlich für die Knochen des betagten Vierbeiners! Achten Sie hier bitte darauf, den Hund erst einmal langsam aufzuwärmen (nicht sofort beim Rausgehen aus der Haustür den Ball werfen), und lassen Sie ihn nicht mehr hin und her flitzen, womöglich mit abrupten Bewegungen, Sprüngen und plötzlichen Stopps!

Trotz Arthritis mobil

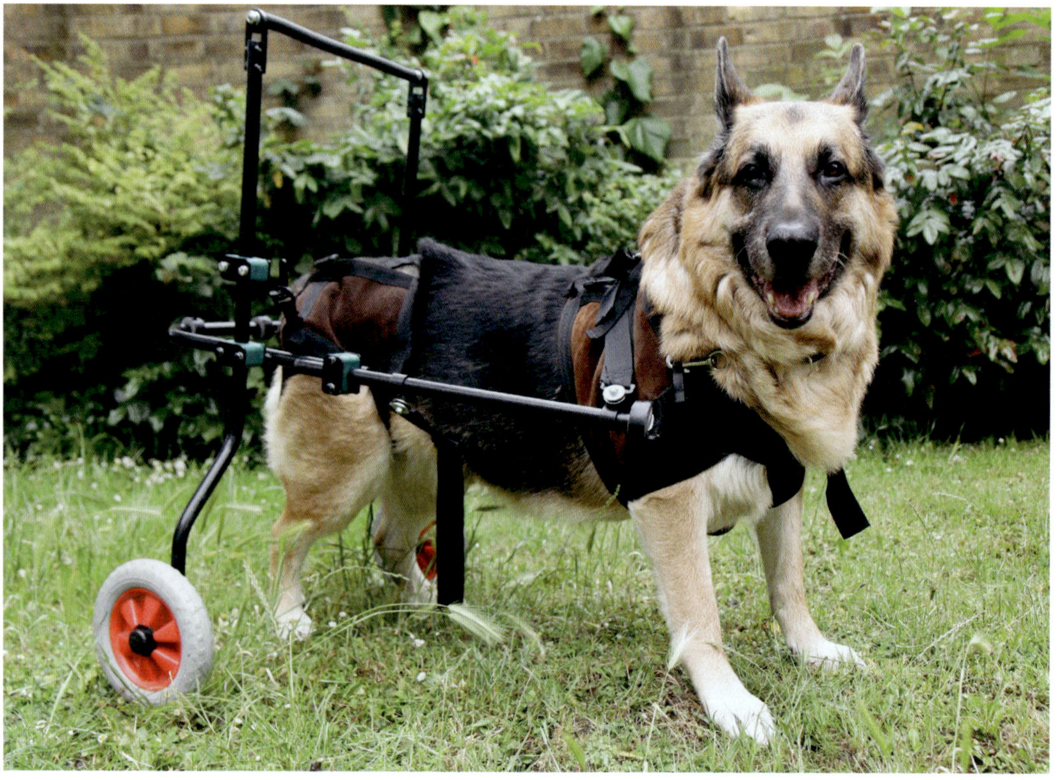

Zusammenfassung: Tipps beim Spaziergang

- Machen Sie täglich ähnliche Spaziergänge auf den gleichen Wegen
- Wählen Sie ein Mal in der Woche einen neuen Spazierweg, um den Geist des Hundes anzuregen
- Nehmen Sie Ihren Hund öfter an die Leine, geben Sie ihm damit Sicherheit
- Lassen Sie Ihren Liebling nur an übersehbaren Freiflächen von der Leine
- Vorsicht bei Hundebegegnungen: Beschützen Sie Ihren alten Hund
- Verwenden Sie ein Hundegeschirr mit Griff, um schneller zugreifen zu können. Zudem ist das Geschirr rückenschonend.
- Verwenden Sie im Dunkeln ein Leuchthalsband bzw. -geschirr
- Hunde-Buggy als Idee zum Ausruhen und für größere oder schnelle Spaziergänge

Wenn das Laufen schwerfällt

Bisher war immer nur die Rede davon, dass der Hund eigenständig läuft und jeden Tag mehrmals eine Runde mit seinem Besitzer um den Block stolziert. Wer einen Garten hat oder eine große Terrasse, muss auch nicht unbedingt so oft vor die Tür, denn der Vierbeiner kann dort selbst eine Runde auf der heimischen Wiese drehen oder sich auf der Terrasse von einer Ecke in die andere legen.

Doch für die Draußen-Spaziergänge gibt es mittlerweile interessante Möglichkeiten, seinen Hund mitzunehmen, auch wenn dieser nicht mehr oder nicht mehr gut selbst laufen kann. Es handelt sich dabei um einen Hunde-Buggy. Wenn der Hund langsam an solch ein Gefährt gewöhnt wird, kann er die Touren sichtlich genießen. Es ist eine Erleichterung, vor allem wenn Frauchen oder Herrchen es eilig haben.

Solch ein Buggy ist übrigens auch wetterfest. Wenn es regnet, kann das Dach einfach nach unten geklappt werden. Wer nun nicht unbedingt solch einen speziellen Hunde-Transporter verwenden möchte, kann auch einen ausrangierten Kinderwagen ausprobieren. Berta kennt das. Sie hält dann immer völlig entspannt inne. Sie weiß, dass sie mitgenommen wird, und das ist für sie das Wichtigste.

Hauptsache immer mit dabei, auch wenn das Laufen schwerfällt

Unterwegs mit dem Auto

Die meisten Hunde kennen das Autofahren, viele lieben es auch. Sie haben dort ihren Stammplatz und freuen sich, wenn sie mitgenommen werden. Das soll auch im Alter so bleiben.

Der Vierbeiner muss im Wagen stets perfekt gesichert sein. Manch einer sitzt in einer befestigten Box, der nächste hat einen speziellen Anschnallgurt, ein anderer sitzt hinten im Auto und ist mit einem Gitter an der Hinterbank vor einem Aufprall geschützt.

Wenn ein Hund mit dem Auto unterwegs ist, kommt es auch natürlich auch darauf an, wie groß der Vierbeiner ist. Denn ein kleiner Hund kann einfach in das Auto getragen bzw. gehoben werden. Doch große Tiere, wie z. B. ein Golden-Retriever oder ein Schäferhund, hopsen meist auf Kommando selbst schnell in den Wagen.

Golden-Retriever Paul ist die Hunderampe gewohnt

Und im Alter? Was ist dann? Wenn die Gelenke langsam „rosten", die Muskeln schwach werden, die Power nicht mehr da ist? Dann braucht ein Hunde-Senior dringend Unterstützung. Denn auf Dauer kann der Halter seinen 60 kg schweren Liebling nicht täglich ins Auto hieven.

Auch hierfür hat der Fachhandel Abhilfe geschaffen: mit einer sogenannten Auto-Hunde-Rampe. Diese gelenkschonende Einstiegshilfe gibt es natürlich auch in verschiedenen Ausführungen und passend zur Automarke.

Ob junger oder alter Hund: Wichtig ist natürlich immer, das Tier niemals bei hohen Temperaturen im Auto zu lassen; das Gleiche gilt im Winter bei Minusgraden.

Gewöhnung an die Autorampe

Ein Hund im Rentenalter ist durchaus noch lernfähig! Viele meinen, ein alter Hund solle eher in Ruhe gelassen werden – das wäre aber kontraproduktiv! Kommandos wiederholen, neue Vorgänge erlernen, das hält den Hundegeist durchaus fit.

„Paul" ist ein Golden-Retriever-Rüde, mittlerweile 12 Jahre alt. Er ist seit 10 Jahren Bertas Freund, die beiden verstehen sich prima. Paul ist im Grunde genommen noch sehr fit, ein absoluter Balljunkie, er läuft liebend gern kilometerweit spazieren, schwimmt auch im Fluss – doch so langsam hüpft er nicht mehr so gerne von allein ins Auto.

Ich habe Pauls Besitzerin, eine liebe Freundin, eine kleine Hunderampe geschenkt. Doch Paul denkt überhaupt nicht daran, auf der Rampe ins Auto zu gelangen. Lieber macht er ein Riesentheater und springt über die Rampe ins Auto.

Wir haben dann mit ganz viel Ruhe erst einmal versucht, Paul vom Auto aus über die Rampe nach draußen zu locken. Und wie klappt das am besten? Mit Futterstückchen! Klar, ein Retriever ist schließlich ziemlich verfressen und freut sich tierisch, wenn er nach einer guten Tat direkt ein Leckerchen erhält. So gab Pauls Besitzerin erst einmal das Kommando „sitz!" und verteilte dann ein paar Futterbröckchen auf der Rampe. Dann folgte das Kommando „such!"

Paul lief in „Staubsaugermanier" über die Rampe und merkte gar nicht, wie leicht es auf einmal war, aus dem Auto und wieder hinein zu gelangen. Der Rüde ist sehr lernfähig. Es dauerte nur eine halbe Stunde, und Paul hatte es perfekt drauf.

Infos zu Autorampen:

- Größe: Es gibt Rampen zum Klappen oder zum Einschieben, sogenannte Teleskoprampen. Wichtig ist, dass sie im Auto beim Verstauen wenig Platz einnehmen.
- Es gibt auch Treppen-Rampen.
- Breite: 30-50 cm. Wählen Sie bei großen Hunden eine breite Rampe.
- Belastbarkeit: Was wiegt Ihr Hund? Richten Sie daran aus, wie belastbar Sie das Modell wählen.
- Trittbereich: Am besten eignet sich eine gummierte oder mit Teppich bestückte Oberfläche.
- Einstiegswinkel: Die Rampe muss lang genug sein, dass der Hund bei einem hohen Auto (ggf. SUV) bequem ein- und aussteigen kann. Bei einer kurzen Rampe wäre der Winkel zu steil.

Paul ist Bertas bester Freund

Variante einer Autorampe: die Treppe

Seitdem springt der Senior nicht mehr hoch in den Wagen. Er stolziert lässig über die Rampe. Für seine alten Knochen und seinen Rücken ideal! Möge die alte Fellnase noch lange leben!

Golden-Retriever-Rüde Paul nimmt die Rampe mit Schwung

Unterschiedliche Jahreszeiten: Wie verkraftet das ein alter Hund?

Hunde gleichen sich ihren Besitzern an, sie beobachten Herrchen und Frauchen und ahmen diese auch gern einmal nach. Es war ein kalter Februartag. Die Sonne schien, aber das Thermometer zeigte eisige minus 5 Grad an. Berta lag an der Heizung und atmete tief ein, sie seufzte sogar ein wenig. Und ich musste zur Arbeit.

Um selbst einen kurzen Temperatur-Check zu machen, ging ich raus auf die Terrasse. Es dauerte nur ein paar Sekunden, und ich sprang wieder ins Wohnzimmer. Ich schüttelte mich und forderte Berta auf, loszugehen.

Berta war damals 11 Jahre alt. Sie stand langsam auf und guckte mich ratlos an. Ich nahm sie auf den Arm und lief zum Auto. Berta schüttelte sich und wollte sich sichtlich in meinem Daunenmantel vergraben. Sie wäre gewiss lieber an der Heizung liegen geblieben. Und ich merkte, wie sie mit mir fühlte und den kalten Tag nicht unbedingt im Freien erleben wollte.

Wenn Hunde-Rentner dann noch älter und gar gebrechlicher werden, müssen die Halter noch mehr auf sie Acht geben. Welche Bedürfnisse haben sie jetzt? Ist es kalt? Ist es heiß? Kriecht die Kälte in ihre alten Knochen? Bekommen sie bei 35 Grad im Schatten einen Hitzschlag?

Wichtig im Sommer: Der alte Hund muss immer Pausen machen dürfen

Tipps bei Sommer, Sonne, Hitze

Sommerschur: Fell kürzen?

Hunde mit viel Fell und dichter Unterwolle leiden bei hohen Temperaturen unter ihrer Haar-Masse. Das Fell zu schneiden, kann im Sommer eine große Erleichterung sein. Doch Vorsicht bei Hunden, die noch nie eine Schermaschine oder eine Schere gesehen bzw. gespürt haben! Das kann großer Stress für sie bedeuten, oder sie lassen es sich gar nicht gefallen und beißen sogar zu.

Ein Hundefriseur könnte hier helfen. Hier handelt es sich um Profis, die sich sehr gut auskennen. Hunde, die aber auch diese Besuche nicht ertra-

Hitze macht nicht nur alten Hunden schwer zu schaffen

gen, sollten nicht dazu gezwungen werden. Dann bitte das Fell so lassen, wie es ist.

Bei Hitze: Erste Anzeichen von Erschöpfung, was ist zu tun?
Dem Hund sofort helfen, ihm kühles, frisches Wasser und einen Schattenplatz anbieten und ihm am besten mit kühlen, feuchten Handtüchern Umschläge machen. Falls der Hund schon Benommenheit zeigt: Sofort den nächstgelegenen Tierarzt aufsuchen! Wichtig: Ihn vorher anrufen, ob er auch da ist, sonst geht kostbare Zeit verloren. Das kühle, feuchte Handtuch während der Autofahrt um bzw. auf dem Hund lassen.

Bei Hitze immer einen kühlen Kopf bewahren!

Hartschalen-Wannen sind haltbarer als aufblasbare Swimmingpools: Die Krallen haben hier keine Chance.

Eine weitere Möglichkeit bei zu starker Hitze: Den Hund in die Badewanne stellen und kühles Wasser einlaufen lassen. Doch aufpassen, dass der Hund keinen Stress bekommt, vor allem, wenn er Badewannen nicht kennt. Also Stress auf jeden Fall vermeiden, dem Hund Ruhe geben und auch selbst Ruhe bewahren!

Hitze- Accessoires gibt es im Fachhandel zu erwerben, wie z. B. gewisse Kühldecken. Ist das sinnvoll?

Hunde suchen sich gerne selbst kühle Plätze und Stellen aus, wo sie sich bei hohen Temperaturen hinlegen können. Hierfür sind Marmor- oder andere Steinflächen sehr gut geeignet. Kühldecken, die bei Druck, also wenn sich der Hund darauflegt, kalt werden, werden immer häufiger gekauft. Doch es gibt auch andere Möglichkeiten:

Ventilator: Wenn es dem Hund zu kühl wird, kann er aus dem Bereich des Ventilators weggehen. Somit erübrigt sich die Frage, ob der Hund „Zug bekommen kann".

Kühlpads: Diese sind eine preiswerte Alternative zur o. g. Kühldecke: dem Hund einfach unter seine gewohnte Hundedecke legen. Sie sind auch für das Auto geeignet und ersetzen quasi kühle Fliesen.

Planschbecken: Viele Hunde springen bei Hitze direkt in den See. Schwimmen ist ohnehin für alte Hunde und ihre geschwächten Knochen von Vorteil. Und wenn kein See in der Nähe ist: Bieten Sie ein kleines Plastik-Planschbecken an. Doch Vorsicht mit den Krallen – oftmals sind sogenannte Muschel-Becken aus Hartplastik besser geeignet!

Im Sommer ist Eis beliebt: Für alte Hunde geeignet? In der Eisdiele kaufen oder spezielles Eis?

Eis für Menschen ist natürlich sehr fetthaltig und süß. Mein Tipp: Nassfutter in kleinen Portionen einfrieren und sie dem Hund dann zu lecken geben. Für den alten Hundemagen ist dies kein Problem, und es bringt eine kurzfristige, bekömmliche und leckere Abkühlung.

Abkühlung kann richtig Spaß machen

Winterklamotten für Hunde: Modisches Accessoire oder hilfreich?

Tipps bei Nässe, klirrender Kälte und Schnee

Kleidung und Wintermantel für den alten Hund: sinnvoll?
Viele erinnern Hunde mit Mäntelchen an Paris Hilton und ihren Schoßhund. Doch alten Hunden, deren Fell ggf. schon dünner geworden ist, deren Immunsystem schwächer ist oder die unter einer altersbedingten Arthrose in den Gelenken leiden, kann ein Hundemantel bei Nässe und Kälte Erleichterung bringen.
Wichtig: Der Hund muss es zulassen und im besten Fall gewöhnt sein, ansonsten ist es zu viel Stress für das alte Tier!

Streusalz: Pfotenschuhe anziehen?
Die meisten Hunde kennen keine Pfotenschuhe, und somit wird das Anziehen solcher Accessoires schwierig sein. Das bedeutet gleichzeitig Stress für den Hund. Im Winter bei viel Schnee möchten alte, gar kranke Hunde ohnehin nur kurz vor die Tür, um sich schnell lösen zu können. Und dann geht es rasch zurück ins warme Heim.

Kuschelhöhlen, Kuscheldecken: Von Vorteil?
Auch hier kommt es natürlich auf den Hund an. Ein 13jähriger Husky-Rüde wird selbst im Alter nicht unbedingt auf einer dicken Kuscheldecke Platz nehmen wollen. Ein 17jähriger Chihuahua-Mix hingegen kann es nicht kuschelig und warm genug haben. Also: Beobachten Sie Ihren Hund genau und machen Sie es ihm es auf seine alten Tage so gemütlich wie möglich.

KAPITEL 5
– Ernährung

Altersgerechte Ernährung

Berta war 10 Jahre alt, als sie von der Tierärztin komplett durchgecheckt wurde, es handelte sich um den Geriatrie-Check (siehe Kapitel 2). An diesem Tag wurde mir auch gesagt, sie sei leicht übergewichtig. Ich solle Bertas Futter überdenken und sie altersgerecht ernähren, wobei auch besonders die Mengen von Mineralstoffen und Vitaminen eine Rolle spielen.

Berta hatte bis dahin zweimal am Tag etwas zu fressen bekommen: Morgens und abends ein mit Nassfutter oder selbst gemachtem Futter gefülltes Näpfchen und ab und an ein paar Leckerchen, die ich ihr bis heute mit verschiedenen Futtersuchspielen präsentiere.

Futter umstellen? Aber wie? Ganz wichtig hierbei ist, dass Hundehalter nicht sofort in den Fachhandel gehen und neues Futter kaufen. Hunde

Alt und reichlicher Appetit: Aber bitte immer auf das Gewicht des Hundes achten!

Knochen sind für Hunde eine leckere Abwechslung. Doch Vorsicht: Sie dürfen nicht zu spitz sein!

sind Gewohnheitstiere. Wenn sie ein gewisses Futter oder gar eine bestimmte Sorte besonders gerne haben, werden einige Kandidaten ein komplett neues Futter ablehnen.
Berta gewöhnte ich langsam an das „Rentnerfutter“, indem ich immer mal wieder ein wenig davon unter ihr herkömmliches Fressen mischte. Hochwertig und leicht verdaulich – Berta fing an, es zu mögen. Gleichzeitig reduzierte ich das Futter übrigens nicht, obwohl das manch ein Tierarzt vorschlägt. Ich bot von da an Berta noch mehr Futtersuch-Möglichkeiten an. Sie musste also geistig und vor allem körperlich aktiv werden, um sich ihr Fressen selbst zu erarbeiten. Bei solchen Spielen verbrennt sie gleichzeitig Kalorien!
Zwei Jahre später veränderte sich Bertas Körper erneut. Sie wurde immer schlanker. Im hohen Alter verlieren Hunde auch Muskelmasse. Berta bekommt seitdem sogar vier- bis fünfmal am Tag kleine Portionen zu fressen.

Warum Futter umstellen?

Im letzten Lebensabschnitt werden Hunde nicht nur gelassener, sondern eben auch körperlich ruhiger, sie bewegen sich weniger und schlafen mehr. Das bringt meist mit sich, dass der Fettanteil in ihrem Körper steigt, ihre Muskelmasse hingegen abnimmt. Beides führt zu Veränderungen im Stoffwechsel, und ihr Energiebedarf sinkt. Hinzu kommt, dass bei alten Hunden das Gebiss schlechter wird und ihr Geruchsempfinden sich verändert.
Dies alles sind Kriterien, das Futter altersgerecht zu verändern, individuell angepasst an die aktuellen Bewegungsaktivitäten und Bedürfnisse. Der eine Hunde-Rentner ist nämlich noch jahrelang agil, der andere wird vielleicht recht schnell zu einem Couch-Potato und will am liebsten nur noch zum Pinkeln vor die Tür.

BARFen: Rohfütterung

Begriffserläuterung

Hierbei handelt es sich um eine **B**iologisch **A**rtgerechte **R**oh-**F**ütterung, eine Ernährungsform für Vierbeiner vor allem mit frischem Fleisch und anderen rohen Produkten. Ursprünglich kommt der Begriff aus dem Englischen, eine Abkürzung für „**B**orn-**A**gain **R**aw **F**eeders" („wiedergeborene Rohfütterer"), aber auch „**B**ones **A**nd **R**aw **F**oods" („Knochen und rohes Futter") wird

BARFen besteht vor allem aus frischem Fleisch

immer wieder genannt. Später wurde die Bedeutung als „Biologically appropriate raw food" geprägt, wovon sich die deutsche Formulierung ableitet. Es handelt sich hierbei um eine gewisse Back-to-nature-Bewegung. Der Hund sei ein Fleischfresser und solle wie sein Vorfahre ernährt werden, der Wolf.

Zu dieser Einstellung gibt es unterschiedliche Meinungen. Die einen schwören auf BARFen, andere glauben, solch eine Ernährung sei mit Risiken behaftet. Meine Meinung dazu: Ein gesunder Mittelweg ist das Beste, was wir unserem Hund anbieten können.

BARFen: Auf einen Blick

- Hunde als domestizierte Tiere sind keine reinen Fleischfresser, im Gegensatz zu ihrem Vorfahren, dem Wolf
- Hauptbestandteil beim BARFen: rohes, frisches Fleisch (vom sogenannten „Beutetier"); doch Vorsicht: Muskelfleisch nur in Maßen anbieten!
- Sehnen, bindegewebsreiche Bestandteile, pflanzliche Nahrungsbestandteile und Knochen zufüttern
- Kohlenhydratquellen garen, denn durch das Erhitzen sind die Kohlenhydrate besser verdaulich
- Verschiedene Samen und Öle werden hinzugefügt (Omega-3-Fettsäuren)
- Mikronährstoffbedarf (Vitamine und Mineralstoffe) beachten. Wichtig: Die Mengen müssen exakt an den Bedarf des jeweiligen Hund angepasst sein.
- In und auf rohem Fleisch können Keime lauern, die dem Menschen schaden. Achten Sie daher unbedingt auf Hygiene. Bei der Fleischverarbeitung Gummi-Handschuhe tragen, Messer und Küchenbretter nicht mit anderen Nahrungsmitteln verwenden.

Eine grundsätzliche Überlegung ist natürlich: Können Sie überhaupt damit umgehen, rohes Fleisch zu verfüttern? Für Veganer bedeutet dies oft eine große Überwindung und Umstellung!

Frisch und lecker: Hier weiß der Besitzer genau, was drin ist.

BARFen: Auch für Hunde-Senioren zu empfehlen?

Eine Umstellung auf die Rohfütterung „BARF“ ist auch bei betagten Hunden möglich, wenn dabei einiges beachtet wird. Entscheidend ist vor allem, wie die Gesamtsituation des Tieres aussieht. Ist der Hund noch agil? Wie fit ist er? Läuft er noch regelmäßig und gern spazieren? Spielt er noch mit seinem Ball? Hat er noch keine Wehwehchen? Muss er noch keine Herzmedikamente einnehmen? Ist er einfach nur äußerlich ergraut und sonst ein noch lebensfroher, glücklicher Geselle? Dann ist eine Umstellung möglich und kann dem Hunde-Rentner sogar noch mehr Lebensenergie zurückgeben.

Wenn der Hund allerdings sehr krank und seine restliche Lebenszeit gar schon abzusehen ist, sollten Sie eine Fütterungsumstellung vermeiden. Sie würde den Hund nur unnötig stressen.

Manch einer betont in solchen Fällen, dass gerade das BARFen sich positiv auf den Krankheitsverlauf auswirken könne. Aber wer weiß, ob es im konkreten Fall Ihrem Hund dann tatsächlich besser geht? Hunde im Höchstalter sollten in Ruhe verweilen und nicht noch riesigen Veränderungen ausgesetzt werden. Aber wie ich bereits geschrieben habe: Es gibt gewisse Mittelwege.

Selbermachen: Auch in der Hundeküche ein Trend

Gerade bei alten Hunden ist der Stoffwechsel zu beachten, der Magen-Darm-Trakt ist nicht mehr so fit wie in jungen Jahren. Die BARF-Befürworter betonen, das natürliche Rohfutter sei besser verdaulich als die herkömmliche Fertignahrung. Es gibt auch Hunde, die durch das BARFen keine Unverträglichkeiten und Allergien mehr haben. Doch gerade bei der Zufütterung von Knochen ist Vorsicht angezeigt! Meist haben alte Hunde mit deren Verwertung nämlich Probleme. Ein Tipp hierfür: Mischen Sie Knochenpulver unter.

Frisches Wasser muss immer bereitstehen

Ansonsten ist wichtig: Alte Hunde sind weniger aktiv, sie benötigen demnach weniger Energie. Darüber hinaus sollten Hundebesitzer bei ihren Vierbeinern darauf achten, die Zähne und den Darm zu schonen. Bei der Ernährung durch BARFen kann unter diesem Aspekt das Futter aus gewolftem Fleisch bestehen und sollte dann keine großen Stücke enthalten. Gewolft bedeutet, dass rohes Fleisch durch den Fleischwolf gedreht wird. Hierdurch wird es fein zerkleinert. Zusätzlich können frische Kräuter den Stoffwechsel anregen.

BARFen: Wie gehe ich am besten vor?

Fragen Sie als allererstes den Haustierarzt, was er von BARFen für Ihren Hunde-Senior hält. Meine Berta beispielsweise wird nicht durch reine Rohfütterung ernährt. Ich habe für sie einen gewissen Mittelweg gefunden. Berta bekommt vor allem mindestens einmal am Tag Dosenfutter. Die anderen Male kann es durchaus sein, dass ich ihr frische Hühnerherzen vom Metzger in den Napf gebe. Ich mische ihr dann frische Kräuter unter sowie ab und an ein frisches Ei.

Am nächsten Tag reiche ich ihr Dosenfutter und mische frische Putenfleischstücke darunter. Rohes Rind- oder Pferdefleisch mag sie auch. Wir haben hier in der Stadt mittlerweile mehrere BARF-Anbieter. Es sind kleine Geschäfte, die sich auf BARFen komplett spezialisiert haben.

Futter in püriertem Zustand schmeckt alten Hunden mit Zahnproblemen

Hier werden auch Nahrungsergänzungspulver angeboten, damit der Hund bei der Rohfütterung mit allen wichtigen Vitaminen und Mineralstoffen versorgt wird. Ansonsten freut sich auch unser Metzger im Stadtteil, mir für Berta immer wieder mal verschiedene Fleischreste aus seiner Frischetheke mitzugeben.

Berta ist diese „gemischte Fütterung“ übrigens von klein an gewohnt. Ich bin sehr glücklich, dass meine Dackeldame einen gesunden und nicht anfälligen Magen hat.

Im Internet können Sie BARF-Futter ebenfalls bestellen. Portionierbares Frostfutter ist hier z. B. im Angebot, aber auch BARF in Dosen.

Auch noch wichtig: Von künstlichen Zusatzstoffen wird beim BARFen großer Abstand gehalten.

BARFen im Alter: Ja oder nein? – Zusammenfassung

Fragen Sie Ihren Tierarzt um Rat, ob BARFen für Ihren alten Hund geeignet ist

- Wie fit ist der Senior noch?
- Ist der Hund magenempfindlich?
- Komplette Umstellung auf BARF geplant?

Wo das Futter kaufen? Von Vorteil ist, wenn ein BARF-Geschäft in der Nähe ist, ansonsten bietet sich der Kauf über das Internet an.

Daneben gelten noch folgende wichtige Punkte für das Füttern alter Hunde:

Fütterungstipps für „alte Felle“

- Bieten Sie höhenverstellbare Futternäpfe an, das ist gelenkschonend
- Verfüttern Sie mehrmals am Tag kleine Portionen, das wirkt sich positiv auf den Organismus und die Verdauung aus
- Zerkleinern Sie große Futterstücke vorab, damit der Hunde-Senior besser kauen kann. Meist ist das Gebiss nicht mehr vollständig.
- Bieten Sie keine Knochen mehr an. Diese können zum einen zu Verstopfungen führen, zum anderen können alte Hunde nicht mehr richtig beißen und kauen, und so besteht die Gefahr des Abschluckens großer Knochenstücke. Folge: Darmverletzungen und ggf. Darmverschluss.
- Vermischen Sie das Futter immer wieder mit Wasser oder weichen Sie es vorab darin ein. Der Grund: Alte Hunde trinken zu wenig.
- Vorsicht vor Kaustangen und anderen Kauartikeln: Sie können viel Zucker und demnach Kalorien enthalten.
- Demente Hunde „haben gefressen, haben es aber vergessen …“ Also nicht noch mehr füttern, wenn sie es einfordern, sonst droht Übergewicht. Bringen Sie das Tier in diesem Fall direkt nach dem Fressen zum Lösen nach draußen, dann ist es abgelenkt.

Rezeptideen für „Rentner-Schonkost“

Viel Flüssigkeit, gut verdauliches Futter, wenig kauen – genau dies scheint meine mittlerweile 17jährige Dackelhündin zu lieben. Und da ich selbst immer gerne viel ausprobiere und teste, was meinem Hund guttun könnte, habe ich mich irgendwann einmal in die Küche begeben und ein paar leckere Zutaten gemixt. Natürlich hundegerecht, und Berta durfte alles genau testen.

Hierbei war mir gerade für meine alte Hündin Flüssignahrung wichtig, denn sie bevorzugt sehr feuchtes Dosenfutter. Ich fing an, ihr auch immer wieder mal unter ihr spezielles „Seniorfutter“ 100 ml Leitungswasser inklusive einem Ei oder einem halben Becher

Flüssig, gesund und lecker

Fleisch-Gemüse-Shake

Naturjoghurt zu mischen oder auch mal eine zerkleinerte Mohrrübe mit Leberwurst. Berta schleckte und seufzte zufrieden an ihrer Futterstelle.

Ja, und dann dachte ich mir, dass ich Berta anstatt trockener Futterbröckchen auch mal zwischendurch eine Art Shake anbieten könnte. Shakes oder auch Smoothies sind derzeit in aller Munde, warum nicht auch für den eigenen Hund? Vor allem für den alten Hund, der mehr Flüssigkeit zu sich nehmen soll. Ich mixte und kreierte, und Berta genoss einen Brei und einen Smoothie nacheinander. Bislang haben auch schon andere Hunde die Rezepte probiert und meines Erachtens als lecker bewertet. Die Hundenäpfe waren zumindest komplett ausgeschleckt.

Wer also seinem Hunde-Rentner gerne ein- bis zweimal pro Woche etwas selbst herstellen möchte, ist mit den folgenden Rezepten, die natürlich variiert werden können, genau richtig:

Fleisch-Gemüse-Shake

Zutaten

- 200 g Putenfleisch, am besten Bio-Qualität und aus der Region (Nachhaltigkeit)
- 2 Karotten
- 3 EL Leinsamenkerne
- 150 g Naturjoghurt

- 1 EL Sonnenblumenöl
- 500 ml Leitungswasser

Zubereitung
- Rohes Putenfleisch und Karotten in kleine Stücke schneiden
- Karottenstücke, Leinsamenkerne, Joghurt, Öl und das Wasser grob vermischen und in einen Mixer geben
- Alles auf höchster Stufe mixen
- Putenfleischstücke zuletzt hinzufügen und nicht mehr mixen
- Shake in den Hundenapf geben und dem Hund zum Schlabbern anbieten
- Die Zutaten reichen für drei bis vier Portionen für einen mittelgroßen Hund

Aufbewahrung
- Reste im Kühlschrank ein bis zwei Tage zugedeckt aufbewahren, auch Einfrieren ist möglich.

Käse-Hühner-Brei
Zutaten
- 100 g Goudakäse, am besten Bio-Qualität
- 15 Hühnerherzen
- 1 Ei
- 2 EL Naturjoghurt
- 1 EL Leinöl
- 300 ml Leitungswasser
- Wer will: eine halbe Banane hinzufügen

Zubereitung
- Käse in Würfel schneiden
- Ganze Hühnerherzen, Käsewürfel, Joghurt, Öl und Wasser in einen Mixer geben
- Alles auf höchster Stufe cremig mixen
- Brei in den Hundenapf geben. Guten HAPPENtit!
- Die Zutaten reichen für zwei bis drei Portionen für einen großen Hund

Aufbewahrung
Reste im Kühlschrank ein bis zwei Tage zugedeckt aufbewahren, auch Einfrieren ist möglich.

Große Hunde, große Stücke. Kleine Hunde, kleine Stücke.

Gemüse-Hackfleisch-Smoothie

Zutaten

- 200 g Rinderhackfleisch, am besten Bio und aus der Region
- 2 EL Leberwurst
- 1/2 Zucchini
- 2 EL Naturjoghurt
- 1 Handvoll frische Kräuter, z. B. Petersilie oder Löwenzahn
- 1 TL Leinöl
- 200 ml Leitungswasser

Zubereitung

- Zucchini in Stücke schneiden
- Rinderhackfleisch, Leberwurst, Zucchinistücke, Joghurt, Kräuter, Öl und Wasser in den Mixer geben oder mit einem Pürierstab bearbeiten
- Alles auf höchster Stufe grob anmixen
- Brei in den Hundenapf geben und den Hund genießen lassen. Oder in eine Futtertube füllen.
- Die Zutaten reichen für zwei bis drei Portionen für einen mittelgroßen Hund.

Alternativen

- Anstatt des Hackfleisches können Sie auch andere rohe Fleischarten (außer Schweinefleisch) verwenden.
- Anstelle des Löwenzahns können Sie auch Petersilie oder Kresse untermischen.

Aufbewahrung

Reste im Kühlschrank ein bis zwei Tage zugedeckt aufbewahren, auch Einfrieren ist möglich.

Karotten-Geflügel-Drink

Zutaten

- 150 g Geflügel-Fleischwurst, am besten Bio
- 3 mittelgroße Karotten
- 1 Handvoll Kräuter, z. B. Basilikum, Löwenzahn oder Petersilie
- 1 EL Sonnenblumenkerne
- 1 EL Olivenöl
- 0,5 l Leitungswasser

Zubereitung

- Wurst klein schneiden und Kräuter klein hacken
- Karotten in kleine Stücke schneiden
- Karottenstücke im Wasser aufkochen lassen und dann ca. 15 bis 20 Minuten weiter köcheln lassen
- Topf vom Herd nehmen, Öl und Sonnenblumenkerne hinzufügen und dann mit einem Mixstab alle Zutaten pürieren. Den Drink abkühlen lassen.

Karotten bzw. Mohrrüben mögen viele Hunde

- Zum Schluss Wurststücke und Kräuter hinzufügen und dem Hund zum Fressen anbieten
- Die Zutaten reichen für drei bis vier Portionen für einen mittelgroßen Hund.

Aufbewahrung
Reste im Kühlschrank ein bis zwei Tage zugedeckt aufbewahren, auch Einfrieren ist möglich.

Markknochen-Kräuter-Verfeinerung
Zutaten
- 2 Markknochen-Stücke
- 3 EL Leberwurst
- 1 Handvoll Kräuter, z. B. Basilikum, Löwenzahn oder Petersilie
- 2 EL Naturjoghurt
- 1 TL Sonnenblumenöl
- 1 l Leitungswasser

Zubereitung
- Kräuter mit der Schere klein schneiden
- Wasser kochen, mit den Kräutern und den Markknochen aufkochen lassen und dann ca. 30 Minuten weiter köcheln lassen

Markknochen gibts beim Metzger oder in der Frischetheke im Supermarkt

- Topf vom Herd nehmen, Markknochen entnehmen
- Kräuter-Wasser abkühlen lassen
- Joghurt und Öl vermischen, Leberwurst unterrühren und alles der Kräuter-Brühe hinzufügen
- Fertige leckere Verfeinerung dem Hund zum Probieren anbieten
- Die Zutaten reichen für drei bis vier Portionen für einen mittelgroßen Hund.

Aufbewahrung
Reste im Kühlschrank zwei bis vier Tage zugedeckt aufbewahren, auch Einfrieren ist möglich.

Rinder-Hüttenkäse-Suppe

Zutaten

- 100 g Rindfleisch, am besten Bio und aus der Region
- 2 mittelgroße Karotten
- 4 EL Hüttenkäse
- 4 EL Erbsen
- 1 TL Leinöl
- 0,5 l Leitungswasser

Zubereitung

- Fleisch und Karotten in kleine Stücke schneiden
- Fleisch- und Karottenstücke im Wasser aufkochen lassen und dann ca. 25 Minuten weiter köcheln lassen
- Topf vom Herd nehmen, Öl, Erbsen und Hüttenkäse hinzufügen
- Suppe lauwarm dem vierbeinigen Liebling zum Schlabbern anbieten
- Die Zutaten reichen für drei bis vier Portionen für einen mittelgroßen Hund.

Aufbewahrung

Reste im Kühlschrank ein bis zwei Tage zugedeckt aufbewahren, auch Einfrieren ist möglich.

Diese Suppe duftet lecker nach Fleisch

KAPITEL 6 – Abschied

Vorbereitung auf den letzten Lebensabschnitt

Seit mittlerweile 17 Jahren kenne ich meine Dackelhündin Berta in- und auswendig. Sie ist meine absolut treue Seele, und ich mache mir Gedanken, was ich tun soll, wenn ich merke, dass ihr Ende naht. In der Einleitung habe ich bereits berichtet, dass ich schon darauf angesprochen wurde, meinen Hund einschläfern zu lassen. Der Grund: Berta trägt aufgrund ihrer Inkontinenz Windeln.

Ja, es gibt tatsächlich Menschen, die keinen so großen Bezug zu ihrem Hund haben … Jetzt fragen Sie sich vielleicht, was ich damit meine. Ich liebe meine Berta, und nach so vielen Jahren weiß ich genau, wie sie tickt, was ihr guttut. Ich gehe auf meine Hündin ein, ich möchte, dass sie sich wohlfühlt. Da kann meines Erachtens von einem tiermedizinisch nicht begründeten Einschläfern in keiner Weise die Rede sein! Aus meiner Sicht fackeln nur Menschen, die keinen so großen Bezug zu ihrem Hund haben, damit nicht lange. Für solche Zeitgenossen wird der Hund im Alter unbequem! Vielleicht steigen auch die Tierarztkosten, oder sie mögen es nicht, dauernd von anderen angesprochen zu werden, dass

Auf den Tod ihres Hundes können sich Besitzer vorbereiten

Alten Hunden bitte immer Sicherheit und Liebe geben

ihr Hund vielleicht nicht mehr so gut riecht und so wackelig läuft. Dieser Hunde-Senior passt dann nicht mehr in ihren Alltag, er fällt auf und stört im schlimmsten Fall.

Leider musste ich solche Menschen schon erleben. Es war vor sechs Jahren, ich lernte eine Familie kennen. Ich sah ihren wundervollen alten Hund mit den treuen, grauen Augen – und eine Woche später wurde mir mitgeteilt, dass der Vierbeiner eingeschläfert wurde.

Ich war entsetzt über solch ein Verhalten! Dieser Hund war einfach nur alt, er war nicht krank, nur ein bisschen tattrig. Irgendwann fiel mir auf, dass diese Familie in Urlaub fahren wollte, es war kurz vor den Sommerferien. Und zu solchen Zeitpunkten werden alte Hunde, um die wir uns ein bisschen mehr kümmern müssen, dann manchen Menschen lästig. Schrecklich! Ich erfuhr dann noch, dass sie ihren Hunde-Senior erst im Tierheim abgeben wollten. Doch das Heim war voll und konnte keine Hunde mehr aufnehmen. Und so wurde dem lieben Hundeleben ein Ende gesetzt.

Ich bin heute noch sprachlos! Wie kann jemand solch eine Vorgehensweise mit seinem Gewissen vereinbaren? Ich jedenfalls nicht. Aber ich mache mir wirklich viele Gedanken, wann der richtige Zeitpunkt ist, mei-

ner geliebten Berta endgültig adieu zu sagen. Bei dieser Entscheidung möchte ich mich nicht von anderen beeinflussen lassen, doch ich muss auch vermeiden, zum Schluss womöglich nicht loslassen zu können.
Ich bin mir sicher: Wenn ein Hund keine Schmerzen hat, noch laufen kann, gelassen schläft und atmet, wenn die Verdauung noch stimmt, wenn er noch gerne frisst und trinkt, dann ist die Zeit noch nicht gekommen! Erst wenn der Hund nicht mehr aufstehen will, wenn er vor sich hinvegetiert, gar jammert, weil er Schmerzen hat – dann können wir den alten Liebling ohne schlechtes Gewissen gehen lassen. Im Gegenteil, der Hund wird unter solchen Umständen ja sogar erlöst.

Berta ist hier noch fit und agil: Ihr Ende ist noch weit entfernt.

Gespräch mit dem Tierarzt

Wer jedes Jahr einmal mit seinem Liebling zum Tierarzt geht und ihn durchchecken lässt, kann am besten dort nachfragen, wie fit der Hund noch ist und ob der Tierarzt auch Hausbesuche macht, wenn das Ende des Vierbeiners naht. Ich weiß, viele Menschen möchten über den Tod nicht sprechen und schieben solche Gedanken weit, weit weg. Doch der Tod gehört zum Leben dazu. Und gerade diejenigen, die keinen eigenen Garten haben, um den verstorbenen kleinen Liebling dort beerdigen zu können, wenn das in ihrem Wohnort erlaubt ist, müssen am besten schon vorab planen.

Der Tierarzt ist immer ein guter Ansprechpartner

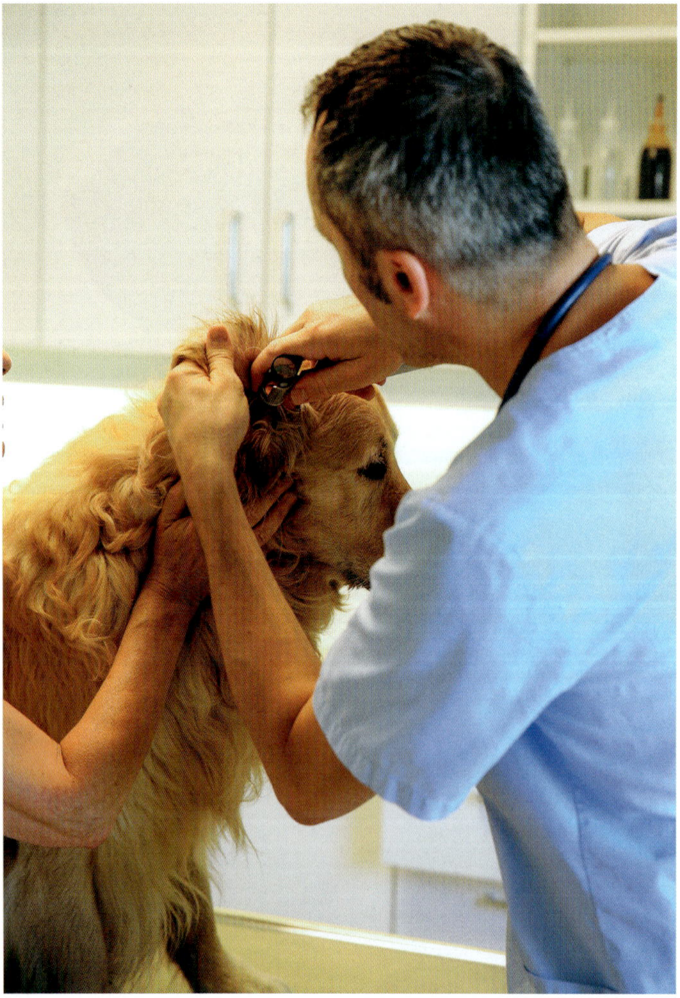

Ideen und Möglichkeiten einzuholen kostet nichts, und so können sich Hundebesitzer schon auf den schlimmen Schmerz, wenn ihr Vierbeiner verstirbt, ein ganz klein wenig einlassen.

Für manch einen klingt es makaber, aber leider gibt es viele Vorschriften und Gesetze, wenn ein Hund stirbt und wir ihn beerdigen möchten. Dazu gleich mehr im nächsten Abschnitt.

Eine Tierarztpraxis ist auf jeden Fall absolut kompetent und berät Frauchen und Herrchen bis ins Detail. Meistens kennen die Mitarbeiter den Hund auch schon seit Jahren. Meine Tierärztin beispielsweise kennt Berta vom Welpenalter an. Und so weiß ich, dass auch sie meine Hündin sehr gut einzuschätzen vermag und Rat geben wird, wenn das Ende naht.

Einen neuen Hund einplanen?

Ist es sinnvoll, für einen alten Hund einen neuen Partner anzuschaffen?

Ich hatte mal ein Ehepaar als Nachbarn, die einen 11jährigen Cockerspaniel-Rüden besaßen. Sie liebten diesen flotten Hund heiß und innig. Er war ein Kinderersatz, das erzählten sie mir mal, als Berta und Cocky gemeinsam intensiv auf der Wiese tobten. Berta war damals erst zwei Jahre alt. Cocky war sehr herzkrank und bekam täglich bis zu drei Tabletten. Er schien aber noch recht fit zu sein.

Ich war von den beiden Besitzern sehr angetan, denn ich mochte es, wie sie klar und sachlich über den irgendwann bevorstehenden Tod von Cocky sprachen. Sie waren sich beide einig, rechtzeitig zum Tierarzt zu gehen und Rat einzuholen. Und sie hatten sich bereits Prospekte von verschiedenen Tierfriedhöfen schicken lassen.

Eines Tages vertraute mir das Pärchen an, dass sie nach Cocky auf keinen Fall alleine sein möchten. Die beiden hatten viel Zeit und wussten, dass sich ihr Rüde problemlos mit vielen anderen Hunden vertrug. Ja, und dann traf ich auf einmal auf der Wiese Cocky mit einem Cockerspaniel-Welpen gemeinsam an: Das Ehepaar hatte sich dazu entschieden, jetzt schon einen zweiten Hund aufzunehmen. Es war herrlich! Denn Cocky lebte durch den jungen Zuwachs richtig auf. Erst vier Jahre später starb er friedlich zu Hause in seinem eigenen Hundekörbchen.

Ein ideales Beispiel. Doch es ist natürlich nicht immer so, dass sich Hunde-Senioren auf Welpen einlassen. Es kann auch extremen Stress verursachen. Aber jeder kennt seinen eigenen Hund selbst am besten: Bleibt der Hunde-Rentner ein liebevoll betreuter Einzelgänger, so wie Berta, oder wagt man jetzt schon einen Zweithund? Überlegen Sie es sich gut!

Letzte Stunden vor dem Tod

Vor meiner lieben Dackelhündin Berta hatte ich einen Schäferhundmischling namens „Thuja“. Ebenfalls eine sehr treue Seele, sie wurde 18 Jahre alt, ein stolzes Alter für solch einen großen Hund.
Meine Mutter hat mich immer sehr gut beraten, was die Erziehung und das Futter bei Hunden angeht, ich durfte von ihr viel lernen. Vielleicht ist Berta deswegen auch noch so fit und hat ein solch hohes Alter erreicht?
Als ich mit dem Studium begann, bat mich meine Mutter, Thuja bei ihr zu lassen. Denn im Studium ist es nicht einfach, einen Vierbeiner zu betreuen: Unizeiten, viele Lernblöcke in der Bibliothek, neue Freunde und Kommilitonen kennenlernen, Nebenjobs annehmen etc. Thuja war zu Hause am besten aufgehoben, und meine Mutter hatte Zeit. Ich besuchte beide regelmäßig und freute mich immer sehr, Thuja so aktiv wiederzusehen.
Als Thuja 16 ½ Jahre alt wurde, begann auch sie, inkontinent zu werden. Doch sie trug keine Windeln, denn sie riss sich diese immer sofort vom

Der Abschied fällt schwer

Leib. So breitete meine Mutter auf den zwei Liegeplätzen im Haus wasserdichte Decken aus.
Thuja ging es noch gut, bis sie 18 wurde. Zwei Tage lang stand sie nicht mehr auf, sie war sehr ruhig, doch dann begann sie zu zittern. Meine Mutter rief mich an und sagte, dass es wohl langsam an der Zeit sei, sich auf Thujas Tod einzustellen. Ich fuhr sofort in den Schwarzwald nach Hause. Thuja lag auf ihrer Lieblingsdecke und hatte die Augen geöffnet. Eigentlich stand sie immer sofort auf, wenn ich das Haus betrat. Doch diesmal guckte sie noch nicht einmal in meine Richtung. Ich bückte mich zu ihr, nahm ihren Kopf in meine Hände und küsste sie zart auf ihre lange, graue Schnauze. Thuja atmete tief ein und aus und seufzte ein klein wenig. Es schien, als ob sie zufrieden sei, dass auch ich endlich in ihrer Nähe war.
Eine Stunde später fing Thuja an, unruhig zu werden, sie jaulte auf und starrte uns ganz unsicher an. Meine Mutter griff zum Telefon und kontaktiere die Tierarztpraxis. Die Ärztin und meine Mutter hatten bereits ein paar Tage zuvor telefoniert und vereinbart, dass Thuja hier bei uns zu Hause mit einer Spritze erlöst werden sollte. Thuja mochte nämlich keine Tierarztpraxen. Somit wollten wir unserer lieben Hündin den Stress nicht zusätzlich zumuten.
Die Veterinärin fuhr sofort los und war eine Stunde später bei uns im Wohnzimmer. Thuja hatte sich inzwischen etwas auf die Seite gedreht und war fast nicht mehr ansprechbar. Meine Mutter und ich bückten uns beide zu ihr, nahmen sie liebevoll in den Arm und flüsterten ihr Mut zu. Die Ärztin bereitete alles vor und sagte uns, sie werde nun die Spritze anlegen. Erst erhielt der Hund ein Beruhigungsmittel und dann die tödliche Dosis. Uns wurde gesagt, Thuja könne nochmals aufschrecken, werde dann aber friedlich einschlafen. Und so war es auch.
Mir liefen die Tränen, doch ich wollte nicht so laut weinen, weil ich an Thuja dachte. Ich wollte nicht, dass sie von meinem Schmerz so viel mitbekommt. Meine Mutter und ich umarmten uns danach und streichelten Thuja bestimmt noch eine Stunde lang.
Wenn ein Hund also alt wird und zu bemerken ist, dass er bald sterben wird, kann der Besitzer sich auf das Ende vorbereiten. Natürlich ist dies z. B. bei plötzlichen Unfällen nicht möglich. Ein sogenanntes „geplantes Sterben“ bei Haustieren ist jedoch auf keinen Fall leichter zu verkraften als ein plötzlicher Tod. Wer sehr an seinem Liebling hängt, wird nach dem Verlust sehr lange trauern. Ich denke heute noch an die liebe Thuja, und das ist jetzt 25 Jahre her!

Selbst sterben lassen oder helfen?

Thuja wurde eingeschläfert. Meine Mutter und auch die Tierärztin erachteten dies für richtig. Thuja hatte nicht mehr gefressen, war nicht mehr aufgestanden und hatte auch nicht mehr auf uns reagiert. Hinzu kamen Schmerzen, die sie uns durch Aufjaulen anzeigte. Der Zeitpunkt war also gekommen. Wir hätten sie auch noch mehrere Tage so liegen lassen können, doch wäre dies würdevoll gewesen? Im Gegensatz zu Menschen dürfen wir Tiere von den Schmerzen erlösen, wir dürfen sie in Frieden sterben lassen. Und das ist wirklich gut so!
Wir dürfen dabei nicht nur an uns denken, weil wir den Hund nicht gehen lassen wollen. Im Gegenteil! Wir müssen ihn gehen lassen! Es wären schmerzvolle weitere Tage gewesen, wenn Thuja noch weitergelebt hätte. Schmerzmittel verabreichen? Ja, darüber haben wir auch nachgedacht. Doch damit hätten wir ihren bevorstehenden Tod nur hinausgezögert. Thuja war am Ende ihres Lebens angekommen, sie zeigte uns das auch mit ihren Blicken, die zu sagen schienen, „bitte helft mir“. Sie schlief dank der Spritze ruhig ein.
Meine Mutter sagte mir später, sie habe gehofft, dass Thuja selbst stirbt, dass sie einfach in ihrem Körbchen liegt und auf einmal nicht mehr atmet. Jeden Morgen schaute meine Mutter als Erstes in das Körbchen und überprüfte, ob unsere alte, geliebte Hündin noch lebte. Aber ihr Leben wollte nicht alleine zu Ende gehen. Und so konnten wir Thuja helfen.
Es gibt allerdings wirklich Hunde, die alleine merken, dass ihre letzte Stunde gekommen ist! Am Tag ihres Todes werden manche sehr ruhig, verkriechen sich auf ihrem Schlafplatz oder legen sich sogar in die hinterste Ecke der Wohnung, irgendwo zwischen Stühlen oder

Einschläfern: Euthanasie

- Das Wort Euthanasie benützen vor allem Tierärzte, es meint im Grunde „Sterbehilfe“
- Euthanasie kommt aus dem Griechischen und bedeutet wörtlich übersetzt: „Der leichte Tod“ – „eu“: gut, richtig, leicht; „thanatos“: Tod
- Nur Tierärzte dürfen eine Euthanasie durchführen, dies steht im § 4 des Deutschen Tierschutzgesetzes
- Der Hund bekommt einen Zugang zu einer Vene gelegt
- Er erhält erst eineNarkose, dann die Injektion des Tötungsmittels
- Das Tötungsmittel bewirkt eine Lähmung des Atmungszentrums, dann Herzstillstand
- Es kann nach dem Tod noch zu Muskelzuckungen kommen

hinter das Sofa. Wer seinen Hund aufmerksam beobachtet und dies erkennt, soll ihn nicht hervorholen. Am besten ist es, zu ihm zu gehen, ihn zu streicheln, in Ruhe mit ihm zu sprechen. So weiß er, dass er nicht allein ist und „gehen kann".

Trauer zulassen: Ein Tierfriedhof ähnelt dem menschlichen Friedhof sehr.

Als ich zehn Jahre alt war, hatten wir einen Yorkshire-Terrier-Rüden namens „Männlein". Er suchte nicht den Weg zu einem dunklen Platz im Haus, nein, er starb mitten in der Küche im Schlaf, als er ganz lieb und still auf dem Stuhl lag. Wir konnten es nicht glauben, dass Männlein plötzlich nicht mehr lebte. Es war wirklich ein Schock. Aber Männlein hatte einen schönen Tod.

In den nächsten Abschnitten beschreibe ich genau, was nach dem Tod geplant werden kann bzw. muss: Wo wird der Hund beerdigt, welche Möglichkeiten gibt es, sich noch an den Hund zu erinnern?

Doch zunächst möchte ich hier gerne noch erklären, was direkt nach dem Tod zu tun ist. Natürlich ist es jedem selbst überlassen, wie er mit seinem gestorbenen geliebten Vierbeiner umgehen möchte. Die einen Hundebesitzer können ihr totes Tier gar nicht mehr angucken, andere sitzen noch stundenlang daneben und streicheln es.

Wenn der Hund gestorben ist, kann es sein, dass er noch Urin oder auch Kot absetzt. Das ist ganz normal und kann weggewischt werden. Auch Luft kann entweichen, entweder über das Maul oder auch über den hinteren Teil des Tieres. Für manche ist das gruselig, doch deswegen ist es mir wichtig, dass ich es hier beschreibe!

Danach liegen die Hunde noch ca. 2 bis 4 Stunden weich da, als ob sie schliefen. Erst dann setzt so langsam die Leichenstarre bzw. Totenstarre ein. Wenn es bis zur Beerdigung oder bis zur Abholung in ein Krematorium noch ein bis zwei Tage andauert, sollte der Leichnam bis dahin am besten in ein Baumwolltuch, ein Handtuch oder eine Decke (aus Naturmaterialien) eingewickelt und an einem kühlen Platz wie Keller oder Garage aufbewahrt werden. Bitte achten Sie darauf, dass Insekten keinen Zugang haben.

Wenn das Ende eines Hunde-Seniors naht, sind folgende Punkte wichtig:

- Bewahren Sie Ruhe, beobachten Sie den Hund genau: Verkriecht er sich? Ist er unruhig? Sucht er Kontakt zu seinem Besitzer?
- Nehmen Sie sich nach Möglichkeit Urlaub, um für den Hund da zu sein
- Kontaktieren Sie die Tierarztpraxis und fragen Sie, ob auch Hausbesuche gemacht werden
- Kontaktieren Sie alle in der Familie, die Abschied nehmen möchten
- Planen Sie das weitere Prozedere: Soll der Hund beerdigt oder eingeäschert werden?

Weitere wichtige Punkte bzw. gesetzliche Regelungen:

- Das Begräbnis darf nicht auf einem Grundstück stattfinden, das zu einem Wasser- oder Naturschutzgebiet gehört. Der Grund: Die Leichengifte des toten Hundes könnten Gewässer oder Böden beeinträchtigen.
- Das Hundegrab muss ein bis zwei Meter von öffentlichen Wegen entfernt sein
- Wer seinen toten Hund nicht „pur" beerdigen möchte, muss ihn zuvor in ein Material einpacken, das leicht verrotten kann, z. B. Stoffe aus Naturmaterialien (Decke aus Baumwolle, Hanf, Leinen, Handtuch) oder in einen Karton oder Papier
- Die Hundeleiche muss mindestens 50 cm, am besten 1 m unter der Erde begraben werden. Der Grund: Andere Tiere könnten den Kadaver entdecken und ausbuddeln.

Tierkörperbeseitigungsanlage und gesetzliche Vorschriften

Wenn es so weit ist, gibt es viele verschiedene Wege, seinem geliebten Vierbeiner die letzte Ruhe zu ermöglichen. Bitte erschrecken Sie nicht, wenn ich nun von „Hausmüll“ schreibe. Aber tatsächlich gibt es Menschen, die ihr Haustier weder beerdigen noch einäschern lassen, sondern einfach nur „entsorgen“ möchten! Dies ist allerdings nur bei ganz kleinen Haustieren erlaubt, wie z. B. kleinen Vögeln, Meerschweinchen, Mäusen oder Hamstern. Nach dem Tierkörperbeseitigungsgesetz ist es dagegen verboten, größere Tiere über den Hausmüll oder die Biotonne zu entsorgen. Ebenfalls ist es verboten, die Leiche eines Tieres heimlich im Wald zu begraben. Dies stellt eine Ordnungswidrigkeit dar und kann zu einer Geldstrafe von bis zu 15 000 Euro führen.
Somit wären ein eigener Garten bzw. ein eigenes Grundstück eine Alternative. Wenn es sich bei dem toten Hund um ein kleines Tier handelt, müssen Tierbesitzer die Bestattung nicht genehmigen lassen – von Ausnahmen abgesehen, weshalb es immer ratsam ist, vorab Kontakt zur zuständigen Behörde aufzunehmen.
Wenn allerdings ein großer Hund auf dem Grundstück beerdigt werden soll, bedarf es zum einen ohnehin der Erlaubnis des zuständigen Veterinäramtes, zum anderen müssen mehrere wichtige Punkte beachten werden.
Zuerst die Information zum Veterinäramt: Wenn der Hund zu Lebzeiten keine meldepflichtigen Krankheiten hatte, wird solch einer Hausbestattung vom Amt in der Regel problemlos zugestimmt. Manch ein Hundebesitzer möchte solche Umstände mit der Meldung beim Veterinäramt zwar gar nicht eingehen, doch Vorsicht: Der Nachbar könnte Sie beim Vergraben beobachten und Sie dann anzeigen! Deswegen ist eine vorherige Bestätigung auf jeden Fall sinnvoll.

Welche Möglichkeiten gibt es noch?

Tierfriedhof

Wer keinen Garten besitzt, kann seinen toten Liebling auch zu einer sogenannten Tierkörperbeseitigungsanlage bringen oder ihn abholen lassen. Der Tierarzt berät zu diesem Thema gerne. Manch ein Hundebesitzer überlässt die Organisation auch komplett der Tierarztpraxis, vor allem, wenn der Vierbeiner eingeschläfert wurde. Doch für diejenigen,

Hier liegt ein Hund namens Filou, jedes Grab kann individuell gestaltet werden

die ihrem Hund einen würdevollen Abschied und ein liebevolles Begräbnis auch ohne eigenen Garten geben möchten, gibt es die Möglichkeit eines Tierfriedhofes. Die Anzahl solcher Beerdigungsstätten wächst bundesweit. Sie ähneln einem Menschenfriedhof, doch die Gräber dürfen sogar viel bunter und individueller gestalten werden. Der Lieblingsball, das Lieblingsstofftierchen oder auch Fotos in Rahmen oder kleine Figürchen dürfen auf dem Grab platziert werden. Auch die Beerdigung ist eine wahre Zeremonie, teilweise mit Grabrede und individueller Verabschiedung vom Hundeleichnam. Manch ein Tierbestattungsinstitut bietet sogar psychologische Hilfe an, um die Trauer besser bewältigen zu können.

Die Preise variieren von Tierfriedhof zu Tierfriedhof. Zum einen fallen Kosten für die Beerdigung an, zum anderen kommt die Grabmiete hinzu.

Krematorium und Einäscherung

Wer seinen verstorbenen Liebling nicht auf einem Tierfriedhof beerdigen lassen möchte und auch sonst keine Möglichkeit hat, ihn zu begraben, hat noch die Option des Krematoriums. Hier wird die Leiche des Tieres eingeäschert. Finanziell ist dies günstiger als der Tierfriedhof. Es gibt die Möglichkeit, den gestorbenen Hund separat oder gemeinsam mit anderen verbrennen zu lassen. Eine solche Sammeleinäscherung ist wiederum kostengünstiger ist als eine Einzeleinäscherung. Die Asche kann der Besitzer behalten, er kann sie z. B. in einer Urne mitnehmen. Es gibt zahlreiche Urnen-Designs. Die einen sind recht einfach, wie z. B. aus Holz, andere gibt es aus edlen Materialien, mit Edelsteinen besetzt. Es kommt eben neben der eigenen Finanzkraft darauf an, ob der Hundebesitzer die Urne zu Hause in seine Vitrine stellen möchte oder ob sie einen Platz im Garten unter der Erde haben wird. Manch ein Tierbestattungsinstitut bietet auch an, die Asche auf dem Tierfriedhof auf sogenannte Streubeete zu verteilen. So haben Frauchen und Herrchen die Möglichkeit, ihre gestorbenen Hunde auf dem Tierfriedhof zu besuchen. Es ist tatsächlich für jeden etwas dabei.

Bunte Farben und Figürchen sind auf einem Tierfriedhof erlaubt

Erinnerungsmöglichkeiten

Ich habe schon erlebt, dass manch einer diese Möglichkeiten für absolut skurril erachtet. Doch ein Hund ist wirklich ein sehr treuer Begleiter, und wenn er einem so ans Herz wächst und ein Familienmitglied war, möchte man ihn auch nach dem Tod noch ein klein wenig in seiner Nähe wissen. Jeder darf dies selbst entscheiden, und niemand sollte sich ein böses Urteil bilden.

Eine tierisch schöne Erinnerung: Bertas Hundekralle eingelassen im Silberschmuck

Taxidermie oder Skelettieren

Tierpräparatoren kennen die meisten nur von ihrer Arbeit für Museen, Jäger, für Tierarztpraxen zum Ausstellen ihrer Präparate oder für Schulen. Doch mittlerweile kommen immer mehr Hundeliebhaber auf die Idee, ihren verstorbenen Weggefährten „ausstopfen“ zu lassen. Für eine solche Taxidermie, wie der Fachbegriff lautet, arbeitet der Tierpräparator vor allem mit vielen Fotos, um tatsächlich ein Werk herzustellen, das dem lebendigen Tier bestmöglich ähnelt. Dabei kann er auch auf Wünsche eingehen: Wenn sich Frauchen z. B. den Hund stehend wünscht oder sitzend oder liegend in seiner Kuscheldecke – der Präparator geht gerne auf die Ideen seiner Kunden ein.

Wer allerdings eine „abstraktere“ Variante von seinem Tier haben möchte, der wählt die Möglichkeit der Skelettierung. Auch hier ist ein Tierpräparator der richtige Ansprechpartner. Die Bearbeitung dauert, wie bei der Taxidermie, mehrere Wochen. Das Skelett des Tieres wird dann gerne in einem Glaskasten präsentiert, sodass es im Lauf der nächsten Jahre nicht verstauben kann. Auch hier kann der Präparator das Tier liegend, sitzend oder stehend präparieren. Ein wahres Kunstobjekt.

Die Kralle sieht aus wie ein Stein

Schmuck, Bilder, Accessoires & Co.

Für diejenigen, die ihren vierbeinigen Liebling nach dem Tod nicht als Ganzes wiederhaben möchten, sich aber trotzdem eine schöne Erinnerung wünschen, gibt es weitere interessante Möglichkeiten. Aus einigen Gramm Fell, Knochen, sonstigen Überresten oder Asche des lieben Weggefährten können Diamanten hergestellt werden, sogenannte Erinnerungsdiamanten. Bei diesem Vorgang wird Kohlenstoff extrahiert und dann mithilfe eines Hochdruck- und Hochtemperatur-Prozesses ein Ascheschmuckstück hergestellt.

Der Stein glitzert und ist für manch einen Hundebesitzer, der viel Geld ausgeben kann, ein glänzend schönes Erinnerungsstück. Andere Firmen bieten auch Schmuckanhänger an, die mit der Asche des Hundes gefüllt werden. So können Herrchen oder Frauchen ihren Liebling direkt am Herzen tragen.

Doch es geht auch günstiger. Es gibt Firmen oder Goldschmiede, die aus den Krallen des Hundes Schmuckstücke entwerfen können: Ringe, Schlüsselanhänger, Kettenanhänger, Armbänder etc. Meine Berta hat derzeit sehr lange Krallen, da sie nicht mehr so viel läuft. Mit einer speziellen Krallenschere habe ich ihr vier Krallen gekürzt. Ich werde einen Ring jetzt schon in Auftrag geben. Denn auch zu Lebzeiten meines lieben Haustieres möchte ich solch einen individuellen Schmuck tragen.

Es gibt auch noch viele weitere Ideen, sich an den verstorbenen Hund erinnern zu können. Fotografien sind natürlich eine klassische Variante, auch andere Kunstwerke. Hierfür habe ich zum einen mit Tinte einen Abdruck von Bertas Pfote hergestellt und dann das Bild in einem schönen Rahmen mit Passepartout aufgehängt. Zum anderen habe ich das Fell meiner lieben Dackeldame gekämmt und die Haare vorsichtig auf ein Blatt Papier geklebt. Angelehnt an den Großmeister Picasso habe ich um das Fell einen Dackelkörper gemalt. Wenn Berta nicht mehr leben wird, habe ich damit eine wunderschöne Erinnerung an sie.

Das Fell kann auch in klitzekleine Glasgugeln eingefüllt werden, die in Do-it-yourself-Shops zu erhalten sind. Daraus entsteht ein haarig-schönes Schmuckaccessoire. Manch einer sammelt übrigens auch die Fellhaare seines Hundes und gibt sie,

Hundehaare individuell gestaltet

Hier nochmals zusammengefasst die Hunde-Erinnerungs-Ideen:

- Erinnerungsdiamant
- Anhänger mit Asche gefüllt
- Fotografien
- Schmuck / Anhänger mit Krallen des Hundes
- Fellhaare aufkleben und Bild daraus herstellen
- Pfoten-Abdruck von Hund machen und als Bild aufhängen
- Fellhaare in Schmuck-Gläser einfüllen und dann als Anhänger tragen
- Schmuckanhänger mit Asche befüllen lassen
- Aus Hundehaaren Accessoires stricken
- Aus Hundehaaren Schmuck filzen: Ohranhänger, Kettenanhänger

wenn er einen Sack damit voll hat, zu Strickkünstlern, die sie erst einmal gründlich durchwaschen, mit einem Spinnrad zu Wolle verarbeiten und dann daraus Pullover, Handschuhe, Schals etc. stricken. Strickbegabte Hundebesitzer können dies natürlich auch selbst versuchen.

Vor Kurzem traf ich eine frühere Kollegin, die vor Jahren ihren 15jährigen Hund einschläfern musste. Sie trug bei unserem Wiedersehen wunderschöne, kugelige Ohranhänger, auf die ich sie sofort ansprach. Filzohrringe aus Fellhaaren ihres lieben Hundes. Sieht wirklich sehr schick aus und ist ein absoluter Hingucker – und natürlich eine schöne Erinnerung!

Die Erinnerung bleibt!

Natur und Tier - Verlag

Teamplayer Hund

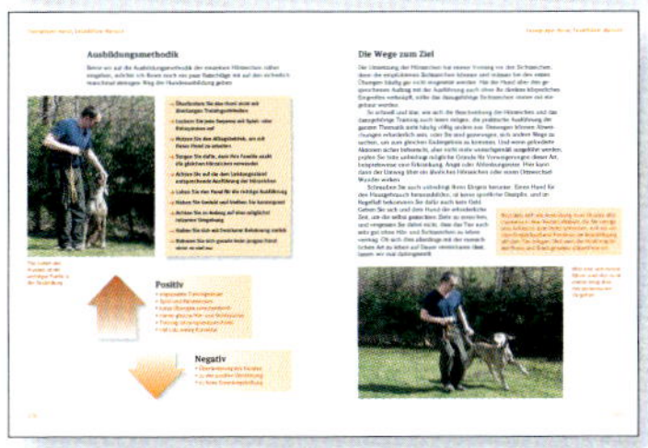

Teamplayer Hund

Stefan Eßig

160 S., 174 Farbfotos
Format: 17,5 x 23,2 cm
Hardcover

ISBN 978-3-86659-163-9
€ 19,80

Der Versuch, ein komplett anders geartetes Lebewesen wie einen Hund so in unsere Welt einzubinden, dass das Zusammenleben harmonisch und problemfrei abläuft, gelingt nur durch gemeinsames, vertrauensvolles Training. Hunde sind Teamplayer, keine disziplinlosen Untiere.

Hierzu gehört, dem Hundehalter erlebtes Wissen zu vermitteln und ihn dadurch im täglichen Umgang mit seinem vierbeinigen Partner zu unterstützen.
Er wird so in die Lage versetzt, grundlegende Anforderungen an die tiergerechte Haltung und Ausbildung zu erfüllen.

Natur und Tier - Verlag GmbH
An der Kleimannbrücke 39/41 · 48157 Münster
Telefon: 0251-13339-0 Fax: 0251-13339-33
E-Mail: verlag@ms-verlag.de

www.ms-verlag.de

www.entdecke.de – Das besondere Kinderbuch

Entdecke die Hunde

Lina Köhler & Katja Krauß
64 Seiten, zahlreiche Abbildungen,
Format 20,7 x 28 cm, Hardcover
ISBN 978-3-86659-385-5
14,80 €

Aus dem Inhalt

- Vom Therapie- bis zum Drogenspürhund: Supersinne und Rekorde
- Grundverschieden: Jede Menge Rassen!
- Die Sprache der Hunde
- Auch Hunde haben Gefühle
- Der Umgang mit Hunden
- Gesundheits-Check
- Partnerschaftliches Training, Clicker- und Tellingtonmethode
- Trächtigkeit und Geburt
- Süße Welpen

Auswahl unserer Plüschtiere:

18,80 €

19,80 €

23,80 €

29,80 €

Natur und Tier - Verlag GmbH
An der Kleimannbrücke 39/41 · 48157 Münster
Telefon: 0251 - 13339-0 · Fax: 0251 - 13339-33
E-Mail: verlag@ms-verlag.de

www.ms-verlag.de